现实世界里，
做一个勤劳工作的小蜜蜂。
内心世界里，
做一个躺在开满鲜花的草地上打滚的小朋友！
记住，无论几岁，开心万岁！

像大人一样生存，像孩子一样生活

夏天 著

新世界出版社
NEW WORLD PRESS

只要你愿意，
就算是身高一米八的成年人，
也可以在灯光下，
一瞬间，
变回快乐的小孩子！

天边有间小商店,
每天下午,
都会贩卖橘黄色的光。
还有,
免费的温柔。

一定会有人觉得你奇奇怪怪，
但也一定会有人陪你可可爱爱。

天空很蓝，花儿很香，
风是柔柔的，阳光是暖暖的，
而你，应该是自由的。

无数次的机缘巧合,
加上无数次的阴差阳错,
凑成了
知足常乐的当下。

问:你理想中的生活是什么样子的?
答:一间小屋,二三好友,四季五味,且听风吟。

五岁的时候，妈妈告诉我，
人生的关键在于快乐。
上学后，人们问我长大了要做什么，
我写下"快乐"。
他们告诉我，我理解错了题目。
我告诉他们，他们理解错了人生。

——约翰·列侬

目 录
Contents

第一章
做一个不动声色的大人

一个人的强大,是从沉默开始的 _003

你不能不善良,但不能对所有人善良 _012

做一个不动声色的大人 _025

人生这点责任,自己负 _035

喜欢海,也不能跳海 _043

第二章
事已至此，先吃饭吧

如果事事都如意，那就不叫生活了　_053

偶尔不开心，是快乐正在加载中　_065

事已至此，先吃饭吧　_074

生活破破烂烂，但总有人缝缝补补　_081

重点不是胖点还是瘦点，而是对自己好点　_092

第三章
一个人最好的修养，是情绪稳定

一个人最好的修养，是情绪稳定　_103

还没发生的事情，不要提前担心　_113

除了健康，什么都不是你的　_121

慢慢才知道，生活和朋友越简单越好　_132

第四章

人生除了自己，都是配角

春风十里，不如悦己　_145

人生除了自己，都是配角　_154

能伤害你的，往往是自己的想不开　_164

找不到答案的时候就找自己　_173

人越通透，活得越高级　_182

第五章

手持烟火以谋生，心怀诗意以谋爱

给时光以生命，而不是给生命以时光 _193

生活百般滋味，人生需要笑着面对 _201

完美的爱情，就是学会接受不完美的爱人 _210

我能想到最遗憾的事，是没能陪你慢慢变老 _219

心里藏着小星星，生活才能亮晶晶 _228

第一章

做一个
不动声色的大人

一个人的强大，
是从沉默开始的

01

"我穿越山海，披星戴月而来，本想奔赴一场盛宴，后来的后来才发现，这世事喧闹又跌宕，唯有沉默可携我向前。"这是我偶然间记录下的一段话，有点文艺又不无道理。

年少时的我有轻狂也有傲慢，喜欢打肿脸充胖子抢着买单，喜欢鹤立鸡群样样争先，偶尔还会站在道德的制高点上教育别人。可后来的后来，我越来越沉默，有时和好朋友或闺蜜逗乐打趣，我也是看得多听得多。不是不想说，只是觉得有些话说不说意义都不大。而且我发现不说或少说，真的给我省去了不少烦恼和琐碎羁绊。

昔日，我的大学同学群里有一个很爱"晒"的姑娘，她经常把个人日常拍成照片发在群里,有时是逛商场的情景,有时是在高档餐厅就餐,有时是精致的美甲,等等。她的生活就像电视剧里的女主角,丰富又多彩。一开始常有同学羡慕她活得肆意潇洒,经常给她点赞,可后来与她搭腔的人越来越少。

同在一个群里的朋友和我闲聊时,提起过这位姑娘,她说:"物极必反,她再这样下去,就是自毁人设了。"

我赞同地点点头,偶尔提起的快乐是快乐,过于频繁地"晒"容易让人停留在对虚荣感的满足上,也让看的人感到厌烦。

毕业后,那位爱"晒"的同学仍然隔三岔五在同学群里"晒"自己的得意生活。某日,她照例又在群里晒了一张照片——以一家上市公司大楼为背景的一张飞厦门的机票,并留言:"又要出发了,累!有什么办法呢?家人们别想我哦。"

原本以为她此次的"晒"会一如既往石沉大海,这次却有人在群里回应道:"这位同学,不要总是在群里晒自己的私生活,这是同学群,咱以后多在群里发点有营养的东西,好吗?"

那位爱"晒"的同学不乐意了,回复道:"怎么说话呢?自己格局小,还见不得别人好了?"

发消息的同学发了个无奈的表情,回复道:"那您随意。"

冷不丁,对话框里蹦出一条灰色消息,提示那位爱"晒"的同学被踢出了群聊。

后来,有人告诉我,那位爱"晒"的同学曾找她哭诉,她很不忿群主为什么要把她踢出群。

我问那位同学是怎么说的,她说:"我就直接告诉她,把自己的优势过多展现给别人看,肯定会让一些人感到不舒服。"

我曾想,一个人是基于什么心理才喜欢在别人面前彰显优越感呢?

小时候,我也曾多次在别人面前炫耀,戴着妈妈给我买的水晶发卡去学校里,逢人就问:"看我的发卡漂不漂亮?咱们这里可没的卖,是我妈妈在大城市买的哦。"那时,看着大家羡慕的样子,我心里得意极了。

可不到一周的时间,很多女同学头上都戴了水晶发卡,有的特意在我面前昂着头说:"我也有水晶发卡了,比你的漂亮,哼!"

我至今记得那时心里的感受,酸涩、羞愤、难受得发堵,心里总憋着一句话:有就有,有什么了不起的?

后来,我才明白,原来能彰显一个人强大、优秀、特别的,不是处处让别人知道我拥有什么,而是即便别人不知道我拥有什么,也觉得我是个了不起的人。

在成年人的圈子里,事事复杂又多变,推杯换盏间,我们总要学会沉默,做到不事事声张,不振振有词。就像我们突然得到了一份期待已久的礼物,我们当然可以像个孩子一样开心,但自己开心就好。

往后的日子里,试着做一个安静的姑娘,把收获的幸福打包,然后找一个静谧的地方，开怀大笑也好，手舞足蹈也罢，尽情去释放这份快乐。等内心归于平静，就做回那个安静的姑娘，带着岁月静好，让自己变得更优秀。

02

我一直认为一个人若活得风生水起或许是运气使然，但活得不被人讨厌，一定是有真本事的。

闲暇时，我常常看一位女主播卖货，我其实很少在直播间买东西，关注她只是单纯喜欢听她说话。她应该读过很多书，说的每句话都带着诗意和哲理，而我最喜欢的就是那句："人世间的浪漫不止爱人在前，还有这斑驳的烟火人间。"

可是突然有一日，那位主播的视频下面充满了揣测和嘲讽，通过一些评论大概能猜到是她的婚姻出现了问题。粉丝们猜测本周六的直播应该会取消，出乎意料的是她如约而至。虽然面色有些憔悴，但她的神情一如往常般平静。她依然出口成章，向网友们推荐着商品，但总有一些人在评论里想要问出个究竟，言语上更是不顾及深浅。

介绍完一款产品后，她突然闭上眼睛，做了几个深呼吸，睁眼时立刻微笑道："酸甜苦辣总要尝过一遍才算得上完整，而我刚尝过了苦，下一次自当是甜，就像接下来要介绍的蜜汁酱料，甜而不腻，是幸福的味道。"

那一刻，所有人都闭上了嘴巴。

遇到不好的事，委屈地抱怨两声是最简单的事，而不去抱怨则会很难。

我曾因为外卖慢抱怨过，也曾因为坐地铁被挤而吐槽过。后来回想，有些抱怨真的大可不必。如果在外卖员向我致歉时，我回以微笑和谅解，外卖员不会在转身时露出不解的目光，更不会落得个两不舒服的结果。后来，我想找到那位外卖员的联系方式，向他道歉，但时间久远，痕迹全无，这件事便成了我人生中的一笔遗憾。

有人说：如果有选择，谁还愿意这么苟且地活。我不是很认同这句话，因为我们走的每一步都是提前选择过的，可能走的过程辛苦了些，最终结果也没有预期的好，但是这不代表我们的选择就是错的。

记得有一次，我和同事苗苗在外吃饭的时候，听到邻桌两人的交谈，一个人唉声叹气地说："整天搜数据、整理数据，快烦死我了，你说这么干下去有什么意思？"

另一个人说道："那有什么办法，咱干的就是这个。"

那人再叹气道："一天到晚拼死拼活的，功劳全是上司的，考勤不满还要扣奖金，真憋屈啊！"

另一个人回道："实在不喜欢干，就辞职，干吗这么为难自己？"

那人愣了几秒，又叹气道："我怕找不到工作。"

另一个人说道："你看，抱怨半天不还是得吃这碗饭吗？别说那些没用的了，赶紧吃，别迟到了。"

等两人离开后,苗苗摇摇头说:"不想安于现状,又不敢于改变,唉!"

别看苗苗年纪不大,却是个将生活看得很透彻的女孩,我很想知道如果是她遇到类似的事会怎么做,便问道:"要是你工作中处处碰壁,会怎么做呀?"

苗苗想了想,说道:"要么换个工作重新开始,要么收收心,踏踏实实干。反正,我不喜欢找人吐苦水,怨天尤人只会显得自己很无能。"

苗苗的话给我很大感触。作为大人,我们不能还像个小孩子一样,一直盯着掉在地上的半块冰激凌闹别扭,而忽视了手上正在融化的另一半。

其实面临选择,怎么选都会有遗憾。但人生的光景不只有满天星辰,还有脚下的一草一木,那些碰不到的东西,就让它挂在那里看看就好,触手可及的才是解忧良药。

有工作可做,就可保三餐温饱;有收入到账,生活才有底气。在好的机遇未到来之前,什么都不要想,静静地工作,默默地努力,然后不动声色地惊艳所有人,才是成年人该干的事情。

03

我不喜欢被人议论或被人嚼舌根,当然没有人喜欢这样,可有些事不是自己不想就不会发生的。

在生活和工作中，你不可避免地会被不相干的人评头论足，或说你太胖，或说你皮肤真黑，或说你走路的样子好丑，有时点一杯茶喝也有可能被人说做作。俗话说，有人的地方就有江湖，江湖从来都不缺不喜欢你的人和无缘无故冒出来的敌意。

晓晓与我说起她亲历的一次办公室风波。那日，晓晓正在打印机旁复印文件，便听到茶水间里有两位女同事在议论同部门里一位打扮非常时尚的女同事。

其中一人不屑地说："一天一个样，也是服了，一屋子的女人，穿给谁看呀？"

另一人附和道："说实话，她那件外套，肩膀再垫高点儿，都能演巫婆了。"

两人捂嘴偷笑。

晓晓懒得再听，刚转身就撞上了站在她身后的当事人，晓晓干咳一声，可茶水间里的两个人仍旧你一言我一语。她眼看着被议论的女同事面无表情地走进茶水间，在那两个尴尬地愣在原地的女同事面前倒了一杯茶，又意味深长地望了两人一眼，便一声不吭地走了。

听晓晓说完这件事，我猜想随后的几日里，那两位说人长短的"八卦姐妹"一定是躲着对方走的。晓晓同意地点点头，说："最近那段时间，我都替那两位尴尬。"

我问晓晓："你有问过你那位被议论的同事，为何不与那两人理论呢？"

晓晓说："我当然问了，但是她却说她不想给那两人创造反驳的机会。"

我从未见过争吵可以使一方大获全胜的，无论一个人有多好，一旦陷入争吵和撕扯中，最好的结果无外乎伤敌一千自损八百，这么亏本的事情，是万万做不得的。所以，我有些佩服晓晓那位同事，一招无声胜有声，是非常漂亮的回击。

我们本就生活在一个人言可畏的环境里，所以不必事事求真相、求理解，好好在自己的世界修篱种菊，其他的无关紧要。

如果你心有不快，就抬起头来高昂地在那些烂人烂事面前走过，因为没有什么比无视更能代表一个人内心的不屑。你的沉默所彰显出来的涵养，只会让那些心中理亏的人感到羞愧。

小时候，我以为事事回应是礼貌。长大后，我发现有时不回应也是合情合理的，尤其当别人说起我不太喜欢的话题时，我常常只是静静地听着。

每年的除夕，我都会与家中亲戚围炉夜话，共迎新春，今年也不例外。

一大家子十几口人占据了奶奶那不算大的客厅，年轻一辈与老一辈人分了两个圈子，可不知是谁将话头挑到了我的身上，所有人的目光都投了过来。

妈妈笑呵呵地说："二叔问你呢，有没有回来的打算？一个女孩子在外漂泊始终不是长久的事。"

妈妈的话音刚落，家中长辈们便齐声附和。一旁的妹妹悄悄对我说道："你还是把心里的想法说出来吧，瞧这架势，你不说会没完没了的。"

我对妹妹做了个噤声的手势，便继续微笑地看着家中长辈们对我的种种关心。

不一会儿，二叔伸手打住道："行了，这丫头是有主意的，有些话会听进去的。咱们继续看春晚吧！"

旁边的弟弟妹妹对我偷偷竖起大拇指，我会意地点点头。

不是遇到的所有话题我们都要接住，哪怕聊起话题的是我们的亲人、爱人、好友或闺蜜。

很多时候，在乎你的人往往是站在自己的角度审视你的生活和你的一切，说出口的话难免背离你的想法和认知，他们有时会批评你的穿着，会批评你的生活方式，甚至不看好你做出的选择，但这无关对错，因为这就是他们关爱你的方式，你听着就好。

在爱自己的人面前，适时沉默是理性回避，也是体面退出，给他们留一点空间，也是给自己留一点余地。

身在繁华三千的世界里，我们总要沉下来，尝试一段静默又能自省的日子。我们已走过年少时的炽烈，往后余生，像个大人一样整理自己、沉淀自己，然后在缄默中成为一个温柔而强大的人。

你不能不善良，
但不能对所有人善良

01

分手的时候，你哭得梨花带雨，因为你想不通，明明没有做错什么，对他又那么好，怎么会换来这样的结局？

别傻了，姑娘。分手从来不是临时起意，所有的离开都是蓄谋已久。所以，请听我一言，遇到一个喜欢的人，先别急着毫无保留地对他好，别让善良裹着爱前行，因为不是付出所有就能如你所愿。

有人问过我：“假如你遇到了梦寐以求的爱人，会不会变成'恋爱脑'呢？"

我没有立刻回答这个问题，毕竟我是单身。但是我着实好好思考了一下这个问题。

上高中的时候，我期待可以遇到一个像偶像剧男主角那样的霸道总裁或者治愈系暖男，还想着若有幸遇到了，我一定要像狗皮膏药一样死死粘着他不放。可是，走过人生的林林总总，阅过身边无数人的是与非，我发现一个人的一生其实很难只有一段感情经历。

大二的某一天，我和亚楠两个人躺在床上盯着房顶西南角上的一只小蜘蛛吐丝结网，亚楠无聊至极地"啊"了两声，我也跟着无聊至极地发出感慨："这么好的周末，这么好的天气，咱俩就这么躺着过了吗？"

"谁让咱俩是单身狗呢？人家有约，你有吗？"

我俩同时闭上了嘴巴，继续盯着墙角的小蜘蛛勤奋耕耘。

亚楠的手机"叮"了一声，她只看了一眼就弹坐了起来，嘴里嘟囔了一句："这小孩儿终于开窍了，不容易呀！"

亚楠推了推我，说："跟你说件高兴的事，那个在奶茶店的女孩儿终于分手了。"

我有些不解其意，说道："别人分手，你怎么还幸灾乐祸起来了？"

亚楠"切"了一声："我可没幸灾乐祸，只是替她高兴。我早就看她那个男友，不对，前男友不顺眼了。"

我承认我的八卦心还是被亚楠勾起来了："那你说说，怎么看人家不顺眼了？"

大二暑假期间，亚楠在一家奶茶店打工，她跟同样在前台打条码的一个女孩很聊得来，便成了朋友。亚楠说，那个女孩一看就属于那种涉世未深、天真又好哄的姑娘。

后来那个女孩认识了一个男生。男生和几个同期毕业的同学组成了一个团队，专门做多媒体设备的安装和调试。女孩对亚楠说，他很努力，不怕苦不怕累。女孩觉得这样的人，人品一定很好，且未来可期。

亚楠总是提醒女孩再多观察观察，别太早沦陷。

追求女孩的时候，男生对女孩承诺一定会给她一个美好的未来；他会努力挣钱，将来带着女孩一起在这座大城市里落户安家；如果她觉得工作辛苦，不想工作可以不做，安安静静地在家里种种花草也很好；不想做饭洗碗也没关系，都交给他来做。他总是拍着胸脯对女孩说："男人嘛，多干点儿是应该的。"

我想，就凭这几句接地气的承诺，是个女孩都会为之动容，心甘情愿落入一场由他编制的梦。

我喜欢用梦来形容大多数爱情，因为由爱生成的梦，总是美好得令人不愿醒来。可有时候，恰恰是那些让我们不愿醒来的梦境，会一次又一次辜负自己。

亚楠接着讲，情绪显然有点激动。她咬牙切齿地说，等那个混蛋正式和女孩交往了半年后，狐狸尾巴终于不藏着掖着了。

你瞧，面对一个让自己感到不舒服的人时，连称呼都能变得很不客气，我觉得这才是一个人正常的情感输出。

亚楠既然叫那个男的混蛋，他必然做了一些混账事情。按照亚楠的说法，他在追求女孩的时候，对女孩百般包容，有求必应，可是等他得逞后就慢慢地变了。

女孩想去看电影，他说："等过阵子就能在手机上看了，没必要去电影院。"

女孩生病了，她想他应该会像过去一样十分焦急地赶过来带她去医院，可是她左等右等，只等来一行冷冰冰的消息：你楼下不是有药店吗？多喝点热水。

女孩有些生气，但是她又想，他可能工作上不顺利，心里正烦着呢，没准他正在攒钱娶自己，如果事事都找他，是不是太不懂事、太不成熟了呢？

女孩一次又一次自我宽慰，她觉得自己不能再像个小孩子一样只关心自己好不好，而不心疼他累不累了。于是，女孩开始慢慢降低对爱情的标准。

爱情果然容易使人变得盲目，它可以使一个弱小的人也拥有飞蛾扑火的执念。可是，当你花光力气，只想待在一个人身边的时候，有没有想过，他配不配得上你的善良和爱呢？

要知道，但凡爱得艰难的感情，大多数都是有问题的。

一日清晨，女孩给男友发信息，直到傍晚也没有收到回复。女孩想他应该是太忙了，甚至忙到脚不沾地，所以才没空回复自己。于是，女孩打车到男友家里，把他屋子里的桌椅板凳擦得干干净净，给床铺和沙发换上了新洗好的罩子，那些脏衣服和脏袜子足足花了两个小时才洗完。眼看男友下班时间要到了，女孩又赶忙做好了四菜一汤。

等男友回来的时候，女孩兴冲冲地跑过去迎接，却只迎来男友一声略带嗔怒地质问："你来怎么也不提前说一声？"

"他是在嫌弃我吗？""他不喜欢我了？"一瞬间这些声音一遍又一遍地在女孩脑中回响。可惊愕了片刻，女孩又觉得是自己想多了，人在累的时候难免会有坏情绪嘛，她应该理解他。

于是，女孩扬起嘴角，装作很开心的样子跟在男友身后，向他汇报这一天的劳动成果。男友随口"嗯嗯"两声算是回复了，然后便躺到沙发上，点了一支烟。

女孩看着他随意弹着烟头，烟灰落了一地，尽管心里很不舒服，但仍旧一声不吭。她就坐在他旁边，想要找点儿话题，可又不知道说什么好。

直到男友抽完烟，才抬起头看她："做饭了是吗？我好饿呀！"

女孩开心地点点头，说："我就知道你一定饿了，我做了四菜一汤，赶快尝尝。"

男友没等女孩落座，便拿起筷子开始狼吞虎咽。女孩看着他一筷子又一筷子地夹走盘子里的红烧肉，想起曾经他总是把第一口肉夹到她的碗里，还笑着说："你这么爱吃红烧肉，以后我顿顿做给你吃，把你养得白白胖胖的，好不好？"女孩扭头抹掉夺眶而出的眼泪。

很快男友就吃饱了，留下一桌子狼藉后，又躺回到了沙发上刷手机。

女孩在桌子前坐了很久很久，她把遇到他的每时每刻都想了一遍。一开始时，他对她确实很好，可往后更长的日子里，她都像是在拿着一根针不停地缝补一个总是到处裂掉的布偶，缝得太多了，到处都是补丁，可还是会有裂的地方。现在她累了，无比疲惫。

女孩没有收拾桌子，亚楠咬牙切齿地说，就在女孩出门的时候，那个混蛋居然毫无察觉，还窝在沙发上玩手机。这种人真是冷心冷肺，可怜了那么善良的姑娘。

当我们努力去维系一段岌岌可危的感情，却始终不见好转的时候，不是你做得不够好，而是你的好从一开始就没有给对人。

我从一开始就说过，大多数人的一生不只经历一段感情，那些错过的或即将放弃的，你可以认为是前世的几次擦肩换来今生的偶然驻足。既然感觉不对，无法两情相悦，就没必要浪费自己的青春、感情和心力。

在感情的世界里，遇人不淑这种事常有发生。

所以，当你感觉和他在一起总会令你各种不舒服的时候，或者有所察觉他不爱你的时候,别迟疑,女人的第六感向来敏锐。也别停留,爱是这世上唯一无法勉强的东西,向前走,未来始终有个对的人在某个地方等着你。

我记得亚楠有个座右铭是这样写的:姐是公主还是妖婆,取决于你是良人还是邪魔。

能让她写出这种带有激烈情绪色彩的座右铭,还得从大三时一件略显奇葩的事件说起。

某日,亚楠一回宿舍就躺床上直接用被子蒙上了头,我和小梅面面相觑,不知道她怎么就突然郁闷了。

小梅坐过去,拍了拍亚楠的被子,疑惑道:"你不是去约会了吗?怎么这么快回来了?"

亚楠撩起被子,气呼呼地说道:"老娘这辈子都不要约会了,真是什么奇葩都能让我遇到。"

小梅哑然,我试探性问道:"不会是吹了吧?"

亚楠恨恨地说:"吹了!我可受不了这种人。上次约会的时候他就跟我说他是第一次谈恋爱,什么都不懂,要我多教教他。他把我当什么人了?这次约会居然说想让我跟他家里人视频。拜托,我跟他认识才不到十天,他是长得帅气,有大城市户口,但姐又不是什么恋爱脑,怎么可能被他牵着鼻子走?"

我和小梅强忍着没笑出声,想也没想就说了句:"可能是他太喜欢你了呗,说明人家对你是认真的!"

亚楠连连摆手，说道："打住，你们是没看到他有多奇葩！我想吃冰激凌，他说女孩子尽量少吃凉的，对身体不好。我想喝可乐，他又说不健康，生生把我拿到手里的可乐给退了回去。他想吃烧烤，我也说不健康，结果他却说吃个一两次没关系。"

我和小梅终于没忍住，哈哈大笑了起来。

亚楠没好气地说道："笑吧笑吧，我祝你们也遇到这样的奇葩。"

我有些好奇地问："所以你扭头就回来了？"

亚楠骄傲的小眼神一抬，道："忍气吞声可不是姐的风格。我当然是一手冰激凌一手可乐，连吃带喝地跟他说了声拜拜，顺便告诉他我已经把他拉黑了。"

亚楠的性格一直是我特别羡慕的那种，但凡值得她善待的，她从来不吝啬；不值得她付出的，她从来不假辞色。

我希望天下所有善良的女孩子都能得到善待，更希望每个女孩在选择伴侣时可以擦亮双眼。不是长得好看的心眼就好，不是神似梦中情人的就一定适合自己，也不是有前途的就值得你甘愿做一个家庭主妇。

在爱一个人之前，你是你；在爱上一个人后，也别丢了自己。

倘若他合适，能带给你的快乐和幸福感远超相处过程中的难过和疲惫，那么你尽管善解人意、温柔可人，对他千般好万般好也无妨。

倘若他让你感到无所适从，总是在挑战你的原则和底线，我倒宁愿你变成一个张牙舞爪的姑娘，竖起浑身的刺，警告他不要再靠近自己。

02

很多爱情或始于一次对视，或起于一次谈心，又或是饭局上的一次偶遇。一开始你侬我侬，心跳不止。等激情褪去之后，还是要看对方的最低处，看他是否能在鸡零狗碎的日子里依然对你温和如初。

有一次，我刚到家门口，就见邻居家的大姐摔门而出。我们俩当时正好打了个照面，彼此都愣住了。大姐有些手足无措地说："我能去你家坐会儿吗？"

我点点头，说道："当然可以了，快进来吧！"

原来，大姐的丈夫白天结束工作后，下班还要开网约车，一开就到后半夜一两点才回家。大姐不想他这么累，可劝又劝不住，就偷偷注销了他的网约车账号。结果丈夫知道后大发雷霆，两个人就吵了起来。

大姐有些心酸地诉说着他们家这两年由富贵到落魄的种种经历，酸甜苦辣、人情冷暖在这两年彰显得淋漓尽致，也让她看清了很多人和事。

生活尽管艰难，大姐却没有埋怨过丈夫一句话，因为她的丈夫只消极了几日便重燃斗志，去面试了一份后勤的工作。

生活质量虽然大不如从前，但一家三口整整齐齐，所以日子过得依然和美。可如今，她的丈夫却因为一个账号跟她翻脸，令大姐很是难受。

就在大姐不住诉说抱怨的当口，我家的门铃响了，透过猫眼我看到是大姐的丈夫，他看上去很焦急。进门的时候，大哥只对我点了下头，便快步走到大姐面前。大姐冷冷地甩过脸，不想理他。

大哥单膝跪在她面前，用力握住大姐想要挣脱的手，轻声说道："我知道错了，不该吼你，都是我的错，你别生气了，好不好？"

大姐继续扭着头，紧紧抿着嘴巴。大哥竟然完全不拿我当外人，直接吻了大姐的手一下。大姐"哎呀"一声，嗔怒道："我刚提了鞋子，还没洗手呢。"

大哥憨笑了两声，说："我又不嫌弃你，不生气了，好不好？"

大姐似乎是要借着我一个外人在，想让大哥做个保证，她说："那你答应我，不许深夜里跑网约车了，钱咱们可以慢慢挣，我又不是没过过苦日子。"

大哥沉默了一会儿，像下定了决心似的："好，我答应你，以后十点之前肯定回家，行不行？"

大姐知道也只能这样子了，便点点头。谁知大哥这时说道："我既然答应你了，那你也别再接手工活了。你看你这双手，原来细皮嫩肉的,现在都干巴了。这要让我老丈人瞧见了,又该骂我了。"

大姐扑哧笑出声,说道:"骂你就挨着呗!我也答应你,晚上你什么时候回来,我就什么时候放下手工,行不行?"

天啊!这波狗粮撒的,对我这单身狗来说简直是灵魂暴击啊!

我目送大姐在大哥的拥护下离开。在他们关上门的那一刻,我不由感慨,好温柔的一双人,所谓佳偶天成,当是善良遇到了善良。

我的朋友经常问我:"怎么还不结婚?难不成要单身一辈子?"

我总是说:"不着急,不着急。"

我说不着急,不是因为时间问题。我也曾遇到过对视时会让我心跳加快的人,也收到过某些人的追求暗示,但是我习惯先以普通朋友的身份去接触,在不远不近的距离中慢慢了解对方。当我知道他只适合做朋友而非爱人时,我便悄悄拉开距离,甚至慢慢淡出对方的视野。

虽然女孩子最好的年华只有短短十年,但我想,宁缺毋滥,更何况青春不是只有恋爱一件事可以做,我也有理想,有想做成的事情。在那个值得我用心去爱护的人未出现前,我只想好好努力地去充实自己,去挣钱,去逛街,去和三五好友相约;去学习,去读书,去做一切我认为能让我成长和快乐的事。然后,和那个对的人在山顶相见。

刷视频的时候,曾刷到一个故事。有一个男孩,他很爱一个姑娘,可是两个人在一起没多久,女孩就提出了分手,男孩为此很痛苦,便经常借酒消愁。

善良的女孩怕男孩出事,就经常打电话或发短信安慰男孩,结果男孩以为女孩还爱着自己,他还有希望,于是又对女孩展开猛烈追求,但女孩又一次拒绝了男孩。

男孩比之前酗酒更厉害了,女孩于心不忍,又继续劝说男孩……

就这样,两个人,一个不断抱有希望,一个拒绝后又善心泛滥。最终,男孩走上了极端,想和女孩一起离开这个讨厌的世界。

虽然最后男孩没有得逞,两个人也就此彻底断了联系。但这个故事却让人不禁背脊生凉。

原来善良用错了地方,给错了人,会生出一些可怕的后果。

小时候,大人常对我说,要成为一个善良的姑娘,温柔可人,宽以待人,不事事计较,能忍让的就忍让,能帮的就帮。我是这样听的,也是在这些理念的熏陶下成长的,于是宽厚、仁爱成了我刻在骨子里的教养。

长大后,我才明白,在爱心泛滥前,要先权衡一下利弊。

关心我的人如果只是客套几句,就不要太热情地打招呼回应;

分手的人,当断则断,不纠缠,不打扰;

那些怎么焐都焐不热的人,点头之交刚刚好。

成年人的世界是个一对一的世界,他对你好,你便对他好;他对你一般,你便不咸不淡;他对你不好,你就收起笑容,远离他,去过自己的生活。

权衡利弊没什么不好,这又不会伤害到任何人,只是不想让自己沾染上麻烦罢了。毕竟,你我依然善良,只不过善良得有模有样。

做一个
不动声色的大人

01

凌晨一点钟的时候,手机嗡嗡响个不停,我睡眼惺忪地接起电话:"如果是打广告的,除了男朋友我啥也不缺。如果是诈骗的,对不起,我没钱。再见!"

当我准备挂断的时候,电话那头传来沙哑的嗓音:"是我,对不起,这么晚了还给你打电话。"

声音听着有点熟悉。我睁了睁眼,看到屏幕上显示是大学舍友小梅的名字,打了个大大的哈欠,尽量用清醒些的口气问道:"小梅啊,你怎么这么晚打电话?是有什么事吗?"

大学毕业后,我们各奔东西,小梅去了别的城市,但我们偶尔还有联系。

小梅叹了口气，显然她心里压着事呢。我故意调侃了几句。

她咯咯笑了两声，语气也显得轻松了些："这么晚给你打电话，是因为我想找个人说说话。"

我笑道："是什么事把你整抑郁了呀？赶快说说，让我高兴高兴。"

小梅沉默了一会儿，说："虽然我真的很想跟你说，但太晚了，把你吵醒，我已经很内疚了，明天我再给你打电话说吧。"

我无奈道："跟我还客气上了，随你吧，明天周末，我正好无事，等你电话。晚安！"

挂断电话后，我的睡意去了一半，眼睛虽然闭着，脑海里却想起了很多事情。那个曾经给自己买玫瑰花的女孩，是什么让她心慌意乱至此呢？

第二天一大早，小梅就给我打来了电话，她好好捋了捋事情的来龙去脉，我也大概明白了她要表达什么。

小梅说，她上高中的时候，有几个关系很不错的同学，其中在高中就暗生情愫的一对恋人还顺利步入了婚姻，正是和这两口子偶然吃了一次饭，让她慌乱不已。

老同学许久不见，自然会聊很久，本没有生疏感，可聊天的话题越扯越多，也越扯越远。后来聊到各自现有的生活，那两位老同学说，他们目前在北京生活，经营着一家小有规模的公司，产品直接对接国企和央企，还有很多了不起的人脉关系。为了在将来给孩子营造一个更好的学习环境,在北京不能落户的情况下,扭头就在天津全款买了一套房,只等孩子小学毕业后,过去读初中。像这么大的手笔,是小梅想都未曾想过的事情。

原本小梅不觉得有什么,可是当同学问起她的近况时,她竟然有些慌。

一会儿说:"我挺好的,身体健康,还有个听话的老公,工作也不错。"

一会儿又说:"听到你们发展得不错,真替你们开心,真好。我也很好,真的。"

小梅越说越乱,最后只好尴尬地说:"不好意思,我太激动了,有点语无伦次。多少年不见了,真有点想你们了。"

纵然换作是我,亲耳听到过去同一起跑线上的同学说,他的生活已经与我的生活有着天壤之别,那种突发的巨大落差感也定然会让我生出一些自卑和焦虑,一时之间不知道怎么回答才能显得落落大方,不失分寸。

但是,在大人的眼里,慌乱的人,是怯懦的。语无伦次的人,除了激动,还有另一种解释,叫害怕。

记得有一日,我正在一家服装店看衣服,一位胖胖的顾客抬手臂时,撕裂了衣服的腋下位置。跟着她的导购小姐姐愣了片刻后便尖叫起来,她当众指责顾客没轻没重,不该穿不下还要硬塞。顾客被导购的态度激怒了,两个人大吵起来。

闻声赶来的经理没有指责导购,她只听了顾客的说法,然后十分歉意地说:"这款衣服到店时便发现腋下设计有问题,怪我们工作疏忽,没有及时收起来,责任在我们,给您带来不便,十分抱歉。我这就去再给您拿一件。"

顾客的情绪稳定了一些,她瞪了躲在一旁的导购小姐姐一眼,说道:"不必了,谁还有心情试衣服呀!"

眼瞅着顾客要走,经理在柜台上拿过来一个礼品袋递给顾客,说道:"这是小店今日'进店有礼'的礼品,感谢您的光临,还望您务必收下。"

顾客接过礼物,语气柔和了很多:"行吧!谢谢了,我有时间再来。"

顾客走后,经理让其他导购给店里的每一位顾客都赠送了一件小礼品,大家拿着小礼品,便忘了刚才的小插曲。

经理把那位导购小姐姐叫到了一个角落里,我装作若无其事地走过去,假装欣赏一条颜色很是明艳的裙子。先声明,不是我八卦,我只是很想知道如此淡定自若的经理是怎么培养下属的。

经理没有丝毫怒气,她平静地说:"别看我们只是卖衣服的,但要想把衣服卖出去,还要照顾好顾客的需求和情绪,不是说几句不痛不痒的话那么简单。你刚做这一行,我理解你为什么惊惶失措,那件衣服售价一千多,你怕担责任,所以才急切地想把责任推给顾客,是不是?"

导购小姐姐点点头，红着眼圈说："我每个月的保底工资只有两千五，我才工作不久，没有钱。"

经理温柔地拍拍她的肩膀，说："没事，你记住，无论碰到什么情况都不要慌乱，只要不慌，就能平静地把事情化解掉。如果你自己解决不了，可以找我。记住一句话，我们做服务行业的，万事可以心慌，但手不能慌，表情不能慌，嘴更不能慌。"

其实，何止服务行业，在我们的生活里，动不动就会有突发状况。比如，不小心洒了别人一身咖啡；刚做好的文件来不及保存电脑就死机了；因为堵车，面试迟到了好几个小时；同事挤掉了你的晋升名额；老板突然让你在众多人面前发言；等等。无论遇到哪种情况，你又有几分可以从容应对的把握呢？

当初找工作的时候，我收到了一家心仪已久的公司发来的面试邀请函，可是因为路上堵车，我迟到了一个半小时。我火急火燎地跑去见面试官，气喘吁吁地鞠了一躬以示歉意，又自说自话地给自己的迟到找各种各样的借口。然而，我最终还是没有收到那家公司的录取通知。

后来，我总是会想起那次面试的场景，想到如果那时候我先稳住气息，等状态平稳了再出现在面试官面前，不急着发言，哪怕对自己的迟到闭口不谈，我想我心里可能会好受一点，也不会一直惦记着这件事。可正是因为一直忘不掉那时的窘迫，我经常暗示自己，往后无论遇到多么出人意料的境况，都要从容淡定，不疾不徐。

我很喜欢那位经理说的话,哪怕心慌,手不能慌,表情也不能慌,嘴更不能慌。

02

小梅的事,还有很长一段后续。

小梅说,她那次和同学聊了很久,回家后心里五味杂陈。

原本只是一次偶然的小聚而已,可第二天晚上,小梅又收到了那对高中同学发来的信息,他们想组织一场高中同学的聚会,希望小梅一定到场。

我问道:"你不想去,是不是?"

小梅叹了口气,说:"对,我不想去。"

我又问:"为什么不想去?"

小梅想了想,说:"去了能做什么呢?还是能说什么呢?毕竟都是很多年不见的人了,总不能一直追忆过去吧?如果是听他们炫耀自己的成就,那跟老俗套的聚会又有什么分别?我觉得很没意思。"

不想做的事,但又找不到不做的理由,很多人都遇到过这样的情况。于是,我换了个角度问小梅:"你喜欢你现在的生活吗?不管这次有没有遇到他们,你觉得目前的生活怎么样?"

小梅说:"我生活得很好,有一份稳定的工作,有稳定的收入。丈夫虽然木讷,但很听话,我在家里说一不二,仅凭这点,我就觉得自己很好了。虽然不是大富大贵，但小日子有小日子的幸福，我挺知足的。"

我笑道："那你就去呗，纠结什么呢？他们又不是什么妖魔鬼怪。"

小梅又叹了一口气，说："我虽然很满意自己的生活，但我还没有强大到可以心平气和地接受同时期的人在我面前不停地耀武扬威。"

我哈哈大笑两声，说道："别说你，我也接受不了，那场面，想想都诛心呀！你可以直接告诉你的老同学，那天的聚会就不去了，这没什么的。"

小梅自嘲道："不瞒你说，我已经两天食不知味了。为了参加聚会，我花一千八买了条裙子，花六百买了双鞋，还把它们偷偷藏在了衣橱里，不敢告诉我家那位。毕竟每个月还要还房贷呢，这太奢侈了。"

我摇了摇头，说："以前，为了在同学聚会上不落下风，我也曾花了将近一个月的工资好好装扮自己。可是等人去席散后，我只觉得自己很可笑，竟然为了一些莫须有的名头搞得自己紧张不已。真的很可笑，不是吗？"

小梅停顿了一会儿，说道："我想我知道自己该怎么做了。谢谢你，我心里舒服多了。我现在有点急事要去办。"

无论多么平静的生活，也会有烦恼突然登门来访，但是别慌。

不小心打碎一个碗，不代表厄运会发生，道一声"碎碎平安"，别让坏心情影响一整天。

实在不知道该怎么做的时候，那就装。装的镇定自若，然后顺其自然，稳住气场，放开手脚，大胆地去做。

又过了两日，小梅给我发来一大串的文字信息。她说，那天着急出去办事，是赶去商场退掉连衣裙和鞋子。至于同学聚会，她去了。聚会的城市离她那里不算太远，坐车两个小时就到。所以，那天下班之后她就直接奔赴聚会场地，一双白板鞋搭配一条牛仔裤和一件蓝衬衫，脸上没有化妆，因为工作性质不允许她们带妆上班，所以她已经习惯了素颜出门。

等她推门而入的时候，她用姹紫嫣红来形容那满屋子的富贵气，男的个个西装革履，女的个个略施粉黛，高配高定挂了满身。那场景确实很有冲击感，她表示，若不是提前做足了心理准备，还真有点扛不住。

小梅没有特意跑来跑去找人聊天，她一直坐在自己的位子上看着当初的同学们你来我往地敬酒。当北京那对老同学找她敬酒时，她也只是简简单单地和对方碰了下杯子。

有人问她，在哪儿高就，她就云淡风轻地回一句："小公司，不值一提。"

有人问她，生活得怎么样，她就笑容满面地说："很好，幸福且知足。"

不知是谁先谈起了收入，所有人都在侃侃而谈自己的经济状况，有人把话题丢给了小梅，小梅慢慢饮下一口茶，微微笑道："不愁吃喝而已。"

大家面面相觑。小梅才不管他们怎么想的，她只知道自己饿了，便只管填饱肚子。

等聚会散去之后，小梅特意走在了人群后面，没有和任何人告别，离开时她觉得迎面吹来的风都又轻又甜。

小梅说，如今她也是见过大场面的人了，现在想想，之前的自己太不成熟了，居然会因为一点儿无关痛痒的事搞得不知所措，太丢人了。

我打趣道："还好只是丢到了我这里，我权当是你对我倾心已久而送来的礼物了。"

小梅给我发来一个抛媚眼的表情，这件事也算圆满地过去了。

作为大人的你，总要具备一点控场的能力。所谓控场，我是这样理解的，把别人的事，别人的话，当作故事去听。听着好听就认真听，不好听就左耳进右耳出，听过之后，该忙什么便忙什么去。反正别人怎么样，跟我有什么关系呢？既不会让我余额里的小数点向右挪一位，也不会天降祥瑞让我顺风顺水。

总之，就一句话，管他呢。任凭他人东风起，我只管做我自己。在该努力的地方玩命努力，在该认真的地方好好认真，在该安静的时候保持内敛，在该快乐的时候尽情欢乐。

喷溅到衣服上的污渍是有点丑，但我希望你能成为一个收放自如的大人，保持最好的姿态，微笑着与所有人打招呼。

相信我，大家投来的目光是停在你不显风霜的脸上，而非衣服上。你的稳重与冷静，你平静的眼眸，从容的表情，都会让人不由得感叹："哇！这个人好酷哦。"

人生这点责任，
自己负

01

国庆假期的时候，我回了一趟老家，原本只想和父母安安静静待几天，却被姑妈拉去她那里小住了两日。

姑妈拉着我的手说："家里数你知书达理，懂得还多，你赶紧帮我劝劝你表妹，这孩子已经'入魔'了，非得要找个有钱人嫁了。可有钱人家的少爷哪儿看得上她呀，一个连正经工作都没有，还好吃懒做的姑娘。人家稍微一打听，连见一面的机会都不给！快三十的人了，还在挑来挑去，要愁死我和你姑父了。唉！"

我拍拍姑妈的手，说："姑妈，每个人都有追求生活的权利，想嫁给有钱人，没什么不对。我知道你在担心什么，等她回来，我好好跟她聊一聊。"

不知道怎么的,最近两年刮起了一阵"躺平"的怪风,越来越多的年轻人不想太累,不想太奋进,只想轻轻松松地一边躺着玩手机,一边对自己说"明天再努力吧,不差这一会儿"。

他们不知道的是,许多年前有这种想法的人,如今仍旧开着当初的二手车,怀揣着余额不足五位数的银行卡,计较着每天三顿饭不能超过多少数额,过年时要给长辈买什么样的礼物才能让自己不至于太难堪。

曾经我也在家里宅过两个多月,那些日子里,我不是叫外卖,就是吃泡面,一连五天不洗脸,整天蓬头垢面地刷偶像剧、追综艺,接着看一直没有追完的动漫和小说。结果两个月后,我胖了八斤,黑眼圈能和国宝一较高下,站一会儿就感觉头重脚轻。后来,朋友叫我去聚餐,我看着镜子里一副要死不活的模样,说什么也不肯出门。毕竟,谁让我放纵自己,对自己那么不负责任呢?

当表妹看到我的时候,不容我打招呼,她先张口说道:"我妈叫你来的吧?我知道你想劝我,还是别了,我都多大的人了,用不着你们操心。"

我笑着说道:"谁说我要劝你了,半年多不见,想你了。你最近在忙什么?"

"刚换了个工作,在一家老字号表行做专柜销售呢。"

我不由得惊讶道:"你居然懂这个?虽然我不太了解,但也知道在专门的表行里做销售，没点儿知识底蕴，很难冲业绩的。"

表妹撩了撩发帘，邀请我进她的卧室。卧室西面靠墙的位置原来是一个很大的梳妆台和洞洞板做的首饰架，如今却换成了一张两米长的大书桌，桌子上摆满了书籍，全部是关于钟表的历史文化和工艺价值的书籍。

"这些你都读过了？"

"当然了，全都在这里了。"表妹指了指自己的脑袋，一副自信满满的样子。

想当初她一年能换三四份工作，怕苦怕累怕无聊，总之一点长性也没有。如今倒是令人刮目相看了。

我问她："怎么就突然开窍了？要是让姑妈知道你这么努力，也不会拉我过来当说客了。"

表妹道："她又不是不知道我整天在做什么，在她眼里，我已经疯了，还解释什么呢？等以后她会慢慢明白的。"

原来，当初表妹在亲戚家眼镜店工作的时候，与一位配眼镜的男生互生好感。在后来的接触中，表妹了解到，男生的家境从前很一般，但三年前成了拆迁户，分了四套住房、三个临街门面，而且他还是家中独生子。这么优越的条件，表妹当然很心动。可两人才接触了不到一个月，男生就提出了分手。理由很简单，男方的父母差人打听了一下表妹的背景，觉得表妹配不上他们的儿子。

在婚姻大事上，不管男人还是女人，都想和优秀、美好的人共度此生。或许爱情之初，是始于颜值，但到最后考虑的却都是匹配度。

表妹说："你知道吗？他提分手的时候，我不是很难过。但当他说起父母不想让他娶一个不踏实、懒懒散散、游手好闲的女人时，我竟然羞愧得无地自容。若依照我以前的性子，肯定会怼回去，可是再想一想，人家说得没错，过去的我不就是懒懒散散、游手好闲的吗？"

我拿起桌子上一本有关腕表的期刊，简单翻阅了几页。虽然我是做文字工作的，可里面的文字却有很多读不懂。我合上书，对表妹说："你可真厉害，能读懂这些东西。你想好了，以后就在这一行深耕了，是吗？"

表妹笑道："当然了，我为了弄懂一块名表的历史沿革，足足熬了一个星期，我都惊讶自己现在的毅力。"稍微停顿了一会儿，表妹的神情显得有些伤感，她说："我突然觉得自己耗不起了，眼瞅着要三十岁了，总不能一直依靠父母活着。有一次我帮妈妈梳头，发现她黑色的发丝下面满是白发。那天晚上，我想了很多，突然很怕父母生病时我连一张余额过五位数的银行卡都没有，那我可真是白活这么多年了。"

我感慨于表妹的成长，她仿佛一夕间从一个意气用事的小姑娘，变成了一个什么都能扛得住的人。虽然中间用了很久的时间，但她终于明白，好的生活、好的人生，不能依靠别人，只能靠自己努力去经营。也许现在觉醒有点晚，但总归还不算太迟。

日子终究不是靠"混"就能过得下去的，尝试带着诚意去生活，人生一定不会差。

02

上大学的时候，有一天大家实在无聊得很，就去校外吃烧烤，小酌几杯后，开始天南地北地瞎聊。聊着聊着，大家说起自己最敬佩的人。

亚楠说，她最敬佩的就是她自己。想当初她就是个学渣，原本考大学无望，结果她用一年的时间，日日挑灯夜读，每天就睡五个小时，终于拿到了大学录取通知书。

"知道我是靠什么这么拼的吗？我爸说，我要是考不上好大学，就让我毕业后嫁人。我的老天爷，当时就给我整蒙了。我可不想人生还没开始，就去相夫教子。所以，我就拼命地读书，拼命地做卷子。当我拿到录取通知书的时候，我'啪嚓'一声就把它拍到了我爸的面前。哈哈，别提心里有多爽了。"

在人生的旅途上，我们不断面临各种各样的压力，放弃固然容易些，却会给人带来更多的困惑和麻烦。迎难而上，或许比较艰难，但相应地，人生的路才能越走越宽，越走越顺。

很多时候，生活给我们列出了选择题，最终选择哪种结果，还是要由我们自己的行动来决定。

我们几个人继续撸串对饮,继续上面的话题。

小蒲说,她最敬佩的是她的一位高中女同学。高考那年,那位同学落榜了,她不想上职中,就在县城找了份工作。后来,她在网上结识了一个外省的网友,认识了不到一年,就嚷嚷着要结婚。她的父母自然强烈反对,甚至拿走了她的手机和电脑,把她关家里,不允许她出门。

面对父母强硬的态度,小蒲的同学开始绝食,发脾气……家里走得近的亲戚都来劝说了一遍,也无济于事。后来,她的父母听别人的劝告,准备和孩子好好谈一谈。

父母问她:"你真的想好了,要嫁给一个外省的,还只是在网上见过几面的人?"

小蒲的同学说:"我就是要嫁他,谁也拦不住。"

父母继续问道:"我们该说的,不该说的,都已经对你说过了。你已经二十岁了,该对自己的人生负责了,既然这是你选的,别后悔。"

小蒲的同学点点头,声称绝不后悔。

就这样,小蒲的同学如愿以偿,嫁给了一个比自己大四岁,家在外省某山区某个村庄的男人。那家人就是当地非常普通的农户,五间大瓦房,两代人都住在里面。

没人看好那个同学的婚姻，有人说她就是被人骗了，早晚得后悔，早晚得一个人哭哭啼啼地回家。

小蒲的同学如愿以偿后，并没有就此生活在大山里，而是带着她的丈夫去了一个大城市谋生。一开始，他们学做煎饼，在最繁华的地段摆起了煎饼摊。

小蒲说，她的那位同学身高只有一米五五，瘦瘦的，看上去很娇小，可就是这样娇小的身躯，不惧风吹日晒，尽管生活再难，也没有朝父母说过一声苦。好在她的丈夫是个本分人，原本他是有工作的，在一家电子厂上班，每个月五千的工资。但是，当妻子决定创业的时候，他二话没说，选择一起打拼。

知道女儿生活的拮据，父母本打算拿出一部分积蓄，支持下孩子。但小蒲的同学拒绝了，她说，自己当初已经伤透了父母的心，如今不能承欢膝下，怎么好拿他们养老的钱。况且，在她出嫁的时候，她就下定了决心，一定要活出个样子来。

不到两年时间，小蒲的同学就靠着在大城市卖煎饼赚的钱，在自己老家的县城里买了一套八十平方米的房子。当然，她的老公对此毫无怨言。而她的父母也终于接受了这个女婿。

小蒲说："若换作是我，无论是选择嫁给大山里的人，还是去卖煎饼，我可能都没有她那么大的勇气和魄力。所以，我特别佩服她。"

总有人说:"她命真好,真幸运。"其实,那些让我们羡慕敬佩的女孩,不是她们命好,也非运气好,完全是因为她们知道该为自己的未来做些什么。哪怕一路荆棘丛生,并不顺利,她们依然会坚持,不达目的,决不放弃。

毕竟,人生这点责任,还得自己负。

喜欢海，
也不能跳海

01

我喜欢的一双皮鞋，因为上楼梯时不小心刮花了鞋面，只好拿它去找楼下修鞋的大姐，看能不能修复好。

修鞋大姐拿出一块布蹭了蹭，笑着说："没问题，可以修好的。"

"时间要多久？如果修复时间长，鞋子就先放你这里，有空的时候我再来拿。"

"十分钟就够了，如果不着急，可以坐着等会儿。"

我坐在一条细长的板凳上，一边看大姐忙碌，一边和大姐闲聊。

这么多年了，我从来没见她关闭过店门，至少在我经过的时候，门总是敞开的。真的有人可以十年如一日只做一件事吗？

在好奇心的驱使下,我问了大姐一个挺傻的问题:"大姐,每天都在这里修鞋子,你会不会觉得无聊呀?"

大姐笑着说道:"无聊呀,怎么可能不无聊啊?可是,再无聊,也得干啊。"

我说:"你偶尔也可以出去转转呀,看一看咱们祖国的大好河山。从我住到这里开始,就没见你歇过一天。你难道没有其他喜欢做的事情吗?"

大姐双手麻利地工作着,她拿着鞋子的手就像我放在键盘上的手,动起来轻盈又灵活。她脸上布满岁月雕刻的痕迹,招牌式的笑容又挂上了脸颊:"我喜欢的事可多了,想去爬爬长城,想吃全聚德的烤鸭,想看刘德华的演唱会,想划一划西湖的水,还有什么来着?一时间想不起来了。可喜欢是一回事,要不要去做就是另一回事了。现在的年轻人跟过去不一样了,鞋子有一点问题,说丢就丢。如果我关门了,得有多少人因为修不了鞋子,就直接扔掉了呀,那太可惜了。"

喜欢就去做,是我一直以来的生活逻辑。看到有人在地铁口弹吉他,感觉很酷,于是我就在网上买了一个吉他,下载了一些教学视频,可信誓旦旦地学了几天后,我就把它放在了一个看不到的角落里。我从来没有去想过这件事自己做得对不对,在得到一个"原来吉他这么难弹"的结果后,就尘封了这段历史。

修鞋大姐只需要花两个小时就能到达长城脚下,一个半小时就能站在全聚德门口,比起漫长的人生,手里修不完的鞋子,这些小小的心愿从她嘴里说出来的时候,就像被遗忘的时光,已经不值得再提起了。

每天清晨七点钟的时候,修鞋大姐会提起卷帘门,将正在营业的牌子挂在门口,一挂就是十个小时。我相信她热爱自己的工作,也知道她非常需要钱,因为全家都指着她这份收入过活。难以想象,她当初在劝自己不要多想,不要贪恋一时兴起的念头时,有多痛苦多难熬。

往后每次经过修鞋大姐的摊子时,我都会往里面望一眼,因为那里坐着一位了不起的女人。至少在我看来,她的脸上满是优雅,眼睛里充满智慧。

喜欢是一回事,要不要去做是另外一回事。喜欢,不一定要马上去做,因为有时候,我们的喜欢是欲望在教唆,是一时冲动,是头脑发热,是一场追悔莫及的冒险。

我想起一条新闻,新闻里说,有几个人为了追求刺激,驱车到号称"死亡地带"的罗布泊探险,结果四条生命永远留在了那里。等搜救队找到他们遗体的时候,已经在黄沙里风化了。

最近这些年,听过太多因为随心所欲而导致的悲剧。

比如,有一个人特别喜欢看小说,每天晚上追小说到凌晨两三点,结果出现了严重的视疲劳,面临视力急剧下降的痛苦。

比如，有一个人整个夏天都在吃街边摊，不是啤酒、小龙虾，就是烧烤、麻辣烫，配着冰镇啤酒，夜宵再来一碗螺蛳粉，结果，高油高盐引发了肾衰竭。

……

克制欲望，延迟满足，是一个成熟的成年人应该具备的基本能力。

那些教唆你"玩的就是刺激，玩的就是心跳，要按照自己的心意去生活，懂得及时行乐，管他什么后果"的话，听不得，也当不得真。

我知道，有时候你也想追求点不同，想看一看人生有没有另外一种可能。但是，无论是突然而来的兴致，还是本就十分向往的理想，我们都要对那突然迸发的心意心存敬畏，谨慎对待。

我也羡慕那些说走就走的人，羡慕那些骑着自行车一路攀上青藏高原，在神秘的布达拉宫前留下合影的人。我曾幻想，什么时候我才能什么都不管不顾，也裸辞一把，去所有想去的地方呢？但冷静下来，还是会劝自己先过好当下，等有机会了再说。虽然有遗憾，但遗憾本就是落在人生里的熠熠星辉，无处不在。

02

朱朱是我在微博上认识的朋友，我们因为评析一首散文诗而相识。

刚认识的时候，朱朱还在读大学。她说，等自己毕业后，会回到老家和父母住在一起。她已经考了教师资格证，回去就到当地的中学当老师去，过简单的生活。但是，朱朱的男友想让她毕业后直接去山东，因为他在那里当兵，他们已经谈了三年异地恋了。

朱朱一直没有正面给男友答复，但她一直在考各种证件。她说，她对山东一无所知，要多考些证件，过去后才不会抓瞎。

时间一天天过去，朱朱始终没有说要不要过去，男友逼问她："你到底爱不爱我？你一直这么拖着，有意思吗？"朱朱给出的回答依然是，再让她好好想想，等想好了，就立刻告诉他。

朱朱向我抱怨了几声，说："他倒好，上嘴唇一碰下嘴唇就可以了，要我过去，哪儿有那么容易。"

我知道朱朱很爱她的男友，因为她跟我讲过她的爱情，三年异地恋，足够证明他们彼此心系对方。可朱朱是个懂得克制的女孩，她说不容易，是她的理智在跟她的冲动做较量。

有一天，朱朱突然问我："我去山东找他，万一最后没走到一起，怎么办？"

她这个问题太大了，我一时不知道怎么回答，只好老老实实说："我不知道该怎么回答这个问题，担心说错了会误导你。"

过了一会儿，朱朱又问："为什么一定要我去山东呢？他过来找我不也一样吗？"

我也没有回答这个问题，我想，她不是在问我，而是在问她自己。

过了两天，朱朱对我说："他说了，如果我不去山东，肯定没办法继续走下去。"

如果换作几年前的我，我一定会说："去吧，去找他，坐十几个小时的火车，去和心爱的人共赴一场约定，哪怕没有结果，也证明自己曾经轰轰烈烈地爱过。"

但是，现在的我一定会劝她别去。因为，相同的事情若发生在今日的我身上，我是不会去的。

我不是小孩子了，不会头脑一热，不管不顾。理性会驱策着我主动克制一些可能会损害自身利益的欲望，让我更理智地对待我的情感和一时冲动。

后来，朱朱给我发了一段留言，她说，她不会去找他，他们已经分手了。她不想赌一个不确定的未来，因为她顾忌的事情太多，这些终将成为埋在两人之间的炸弹。

朱朱注销了网上的账号，换了微信，我们从此失去了联系。我想，她应该是想过一段不被旧事打扰的新生活吧，这样挺好的。

想要风，也别去追风，因为你永远追不上风。
喜欢海，也别去跳海，因为你永远无法拥抱海。
如果见一个人，会花光你的所有力气，并且对方没有给你任何底气和承诺，那就不如不见。

03

我在翻阅一本情感杂志的时候，读到一篇《别靠左前行》的情感好文。大致内容如下：

他来找我了，一个消失了快六个月的男人，用陌生的号码给我打来电话。电话那头，他说："我想你了，咱们见一面好吗？"

他订下了酒楼里最豪华的房间，一张硕大的圆桌，足够坐下三十人。他请我进去的时候，像个彬彬有礼的绅士。我说："你先坐下吧！"等他选好了位置，我坐在了以他为起点的圆的中轴线的另一端。

他笑着问："坐那么远做什么？害怕我吃了你不成？"

我淡淡地望着他，他渐渐收起了嬉皮劲儿。

他双手交叉在桌面上，我感觉得到他很紧张。

"想吃什么？"

"我不饿，来之前已经吃过了。"

他停顿了一会儿，叹了口气后，说："我，我们……"

"早已经结束了，不是吗？"

他猛然站起来，身后的凳子掀翻在地："不，我没说过分手，你别对我这么冷漠，好不好？"

从我见到他的那一刻，我的心就一直在揪着，脑海里有一百个问号。我想揪着他的领子问，这么多天，究竟去哪里了？为什么一声不吃就走了？为什么消失得无影无踪？我甚至想，他是不是出了意外，或者像影视剧里的情节，因为一场大病，他想一个人躲起来自己扛。

可是，现在的我只是静静地坐在他面前，静静地看着曾经的爱人。

"你还爱我吗？"

"我很爱你，但那已经是过去的事了。"

他松开紧握的拳头，拉开旁边的凳子，垂头丧气地坐了很久。

站在酒店门外的时候，他说："从看到你的那一刻，我就猜到会是这样了，你的眼睛里已经没有我了。"

我轻轻地对他道了一声"一路平安"，转身走入夜色。我知道，这一转身，我们便再无可能。

我的朋友说："你等了那么久的人，爱了那么久的人，怎么到头来说散就散了呢？"

"还爱着，只是爱不下去了。"说这话的时候，我的眼睛里装满了泪水，后来，我哭成了泪人。

你可以把他装进回忆里，时时翻看，但不能掉头往回走，因为靠左前行很危险。

试着克制心底的悸动，成为一个成熟的姑娘。学会思考，试着放下，权衡得失，懂得在想要和可以不要之间选择不要。

因为，可以不知道理想有多理想，但一定要知道现实有多现实。

而我们，终究是活在现实中的。

第二章

事已至此，
先吃饭吧

如果事事都如意，
那就不叫生活了

01

玻璃车窗外面翻滚着狂躁的热浪，前面的人七扭八歪地坐着，后面传来此起彼伏的呼噜声，坐在我旁边的女孩正在听程响的《可能》，悠扬的歌声隐隐约约穿过她的发丝，萦绕在我耳边。

昏昏欲睡的感觉越来越重。这时，歌声换成了刻意压低的说话声。

"妈，大中午的你给我打什么电话呀？对了，我马上就要升职了，给我爸买的茶叶收到了吗？……妈？你说话呀？喂？喂？喂？"

我刚要眯上眼睛，邻座的女孩猛然站起来，把我吓得一激灵。我疑惑地看着她摇摇晃晃地走了两步，"哐当"一声就坐在了地上。周围的乘客被突如其来的响声惊醒，纷纷半站起身子查看情况。

她浑身都在颤抖，想要站起来，腿脚却使不上力气。我本能地伸手想去扶她，却被她一声撕心裂肺的大吼惊住，她捂着脸号啕大哭起来，边哭边喊着："我没爸爸了，我没爸爸了，我再也没爸爸了……"

整个车厢里只有她声嘶力竭的哭声。一位年长的大婶半蹲到女孩身边："好孩子，你赶紧起来，你得回家去啊！"

女孩抬起头，脸上淌满了泪水。她无助地看着大婶，眼里是数不尽的哀伤。

司机师傅停好车后，赶来看女孩的情况："先别急，让她缓一会儿，我帮她叫了车。一会儿你就坐着车直接回家去吧。"

女孩绝望地捶打着自己的胸口："前几天爸爸给我打电话，我嫌烦，我就说了两句话，我就说了两句话，我应该多说点的，都怪我，都怪我……"

女孩凄厉的哭喊声吹退了钻进窗子里的热风，大家扭过头去，抹着眼角处的湿润。

生活是什么？

生活是，你以为父母常在，未曾想他们有一天会真的离开。当他们离开时，或来得及告别，或来不及告别，你都会悲痛得像个没了家的小孩。

当朋友知道我要写上这段经历时,她劝我说:"太沉重了,虽然生活里不如意之事太多,但这件事太沉重了。"

我说:"是沉重了些,但不能因为沉重就回避。我想,只有看清了那些绕不开的事,才知道什么是最珍贵的。以前我工作忙的时候,一个月才会给父母打一次电话。现在,我每个星期都会和父母视频一次。每逢节假日,便会回去陪他们待上几天。"

父母是我们此生断不开的牵绊,父母在,人生尚有来处;父母去,人生只剩归途。可岁月有数,年轮有限,我们唯一能做的就是在还能相聚的日子里,好好陪伴。

那个曾经不被父母疼爱的女孩墨墨,后来对我说,她以前想不明白,为什么她会出生在一个贫困的家庭里,为什么父母那么想要个男孩。明明日子都那么艰难了,却还要生那么多孩子,生了又不好好疼爱。如果能换父母该有多好,换一对虽然平凡却非常有爱的父母,家中只有她一个孩子,他们努力着想为她铺垫一个好的未来,日子唠唠叨叨,却热热闹闹。

每当她看到别的小孩子被爸爸举高高,被妈妈喂冰激凌,嘱咐着"只能再吃一口,不然要肚子痛"的时候,她都会羡慕极了。但,这一切,都不可能变成她的。

其实,我也曾幻想,如果我能生在一个更美满的家庭,那该有多好呀。父母有花不完的积蓄,有用不完的人脉,而我不需要背井离乡，就可以过上公主般的生活。

现实是，我的父母很普通、很平凡，他们没有多优秀，偶尔还爱发点牢骚，从未对我说过爱，时不时还要数落我一番，不联系的日子都是各过各的，联系的时候话也不多。这就是我的父母。我想，如果仅仅因为我不喜欢，或者觉得他们并没有给我带来多少快乐，我就要换掉他们，那么我是否应该存在呢？

你想事事如意，但世上根本没有能完全如你所愿的父母。我们都很平凡，而我们的父母，或许比我们还要平凡，平凡到去一趟县城就是一场远行，平凡到除了关注一日三餐就只剩耕作不完的土地和蓝天。

我们追逐的生活与父辈走过的日子相差得太远。所以，你可曾想过，你与父母之间化不开的结，或许是因为彼此不够了解。或者说，是因为沟通太少，才让彼此都习惯了以各自熟悉的方式度过一年又一年？

国庆假期，父母喊墨墨回家收玉米，虽然去年修了山路，可以租收割机收玉米了，但父母不舍得花那份钱，还是徒手掰玉米，再拉回去剥皮。

其实墨墨从小就不喜欢干农活，只是小时候一说"我不干活"，妈妈就会提着嗓门吼她，所以渐渐地，她习惯了听从父母的话。

密密丛丛的玉米地里,墨墨一边掰玉米,一边烦躁地拍打到处乱飞的小虫子。玉米叶子像锋利的刀片,轻轻一划,就在脸上和胳膊上留下刺痒的红印子。

墨墨生气地嘟囔道:"烦死了,什么时候是个头呀?"

恰巧,她的话被身后的妈妈听到了,妈妈操着独有的大嗓门说道:"你这妮子,干点活就吵吵,不用你干了,走吧!"

妈妈的这一嗓子,似乎又将她拉回了小时候。她想,若真的撂挑子不干,恐怕接下来就是更猛烈的呵斥,所以她在心里委屈了一下,就继续埋头干活。

累了,他们一家三口就坐在田埂上歇息一会儿。墨墨口渴得要命,举着水杯大口大口地喝水。爸爸用草帽扇着风,妈妈用挂在脖子上的毛巾擦着汗。

望着剩下的一大片玉米地,墨墨哀叹道:"怎么才掰了这么点儿呀?要是大姐二姐在就好了。"

爸爸说:"你大姐二姐是指望不上了,你要不想干,就回家做饭去。"

听着爸爸突然冒出来的话,墨墨的心里特别不舒服。她不明白,为什么从小到大父母对她说话的语气都像是在数落她?她很想问一问,可最终又如小时候一般,没有问出口,只丢下一句:"那我回家做饭去了。"然后像个逃跑的兔子一样跑掉了。

其实,墨墨不知道的是,她刚走下一个梯田,妈妈就拍了爸爸一下,说:"娃儿大了,以后好好说话,你看给娃儿整得不高兴了。"

爸爸没说话，他望着孩子一点一点消失在一层又一层的梯田下，静坐了片刻后，起身钻进了玉米地里。妈妈默默跟在爸爸身后，也消失在金黄色的玉米秆里。

期待父母能多看你两眼，能和你好好说说话，但期待往往落空，说出嘴的话也不是那么好听。当你以为，这就是父母对待你的方式时，其实你看到的只是他们三分之一的样子。

花了三天时间，地里的玉米终于收清了，剩下的就是将堆在家里的玉米剥皮晒干。

这日，墨墨正一个人在家剥着玉米皮，村里的两个婶子过来串门。见只有墨墨一个人在院子里干活，她们便随便找了个墩子坐下来，一边聊天一边和墨墨一起剥玉米皮。

左邻的大婶笑呵呵地说："三妮儿呀，现在像你这样肯回来帮家里干活的年轻人可不多见了。"

右邻的大婶也凑过来说："听说你可出息了，在北京有个好工作，像咱们山里的娃儿，能去北京的可不多。每次说起你在北京这个事，你爸别提多开心了。有次他和老陈家的下象棋，老陈说他家儿子要在县城买房了，你爸不服气地说县城算什么，我家娃儿可是在北京，那可是咱的首都。"

墨墨不可置信地看着邻居家的大婶，问道："我爸跟别人说这个？"

左邻的大婶伸手扒拉了墨墨一下，呵呵笑道："他说得还少？满村子你去问问，谁不知道你在北京，你爸恨不得让全世界的人都知道呢。"

手里的玉米压在手掌心上，似乎越来越重了。她从不知道，原来爸爸是这么看重她。豆大的泪珠子吧嗒吧嗒砸在了袖子上。旁边的大婶忙问："你咋哭了？"

墨墨擦擦眼泪，说："不知道啥东西溅我眼里去了，好磨得慌。"

她以为父母不爱她，从小就这么觉得。原来是父母爱的方式太笨了，也太隐晦了。原来妈妈说："不用你干了，走吧！"是真的想让她休息一下。原来爸爸说："你不想干，就回家做饭去。"只是换了个方式心疼她。

有太多太多这样的父母，心里爱着孩子，却又不会爱孩子。所以，他们说话不好听是真的，但关心也是真的。这大概就是我们的父母吧，一边让我们纠结，一边又让我们释怀。

假期要结束了，墨墨收拾好行李，准备回北京。这时，妈妈从兜里掏出两千块钱，直接塞进墨墨的行李箱，说："这钱你拿着，不多，你缺啥就买点啥。"

墨墨把钱又塞回妈妈手中："不用，我挣的钱够花，你们留着吧!"

妈妈还是把钱塞了回来:"你这娃儿咋这么不听话呢?让你拿着就拿着。看好了,别丢了。"

墨墨点点头,她转身抱住妈妈。妈妈推推搡搡的,嘴里说着相反的话:"这是干啥子?我衣服上老脏了,真是的,抱啥抱呀?"

"就抱一会儿,你要推开我,我就再也不回来啦!"

"你这小死娃儿,胡说啥呢?"妈妈虽然拍了她两下,却并未推开她。

墨墨背着背包刚走到大门口,爸爸就火急火燎地跑了回来,浑身都是土灰。他急慌地说:"你这娃儿咋走这么早呢?等着,我骑三轮子送你去县城。"

这么多年以来,她都是一个人走着去县城,这是第一次爸爸主动说要送她。

她爽快地回道:"嗯!爸,我等着你。"

三轮车哐啷哐啷地在风里飞着,爸爸吐出的烟草味儿从她脸旁吹过,她开心地喊道:"爸,你开慢点儿,我不着急。"

爸爸侧着头喊道:"好嘞!娃儿坐稳当了。"

后来,墨墨发了一条朋友圈,在满是大山的图片上,落着两行字:

再见,大山,感谢你的一半沉寂,一半善待。

再见,过去,拜托你少来光顾我的未来。

生活是什么？

生活是，你以为沉重的、不该背负的，其实并不是生活的全部。

冬天会结束，暖阳会升空。早晚有一天，你会明白，父母之于你，也许沉重，却是沉重的爱。

02

为什么我得到的离我想要的越来越远了呢？

我想，这大概就是生活吧！有事与愿违，也有南辕北辙。

很多年前，我在看《武林外传》的时候，以为这就是一部轻喜剧，逗人一笑而已。可重刷的次数越多，我越发觉得这部剧的内核写的其实是人生，是你，也是我。

在剧中，同福客栈的老板娘佟湘玉千里嫁夫，满心憧憬自己未来相夫教子的生活。可夫君未见，自己就成了寡妇；

传说中的盗圣白展堂，前半生威名赫赫闯荡江湖，遇到佟湘玉后想退隐过安稳的日子，就开始十分在意自己之前的"劣迹"，见到捕快就畏首畏尾，怕得要死；

渴望行侠仗义的郭芙蓉，一心想闯荡江湖，惩奸除恶，然而刚入江湖，就被江湖狠狠上了一课，被扣在客栈当起了杂役；

有神童之称的吕秀才，三岁知千字，七岁畅读四书五经，却迟迟考不上功名，二十五岁时险些饿死，变卖祖产，成了客栈的小账房；

什么都会的祝无双,只想找个爱人,却总是遇人不淑,最后仍是孤身一人;

不学无术,只想自由自在吃糖葫芦的莫小贝,却被推上了武林盟主之位;

……

他们每个人都对自己的人生有不同的向往,却无一例外,都过上了另外一种生活。

后来在某一集里,他们得到一个契机,可以互换身份,于是每个人都切入到自己喜爱的角色里。但尝试过才发现,按照自己原来的愿望生活,其实也没有想象中那么美好快乐。

我一直记着片尾曲里的一句歌词:"这世界有太多不如意,但你的生活还是要继续。"

心想事成或事与愿违,这都是人生的课题。你总得学会接受,学会走到哪段过哪段。

世事难料,意料之外的事常有,不管你怎么小心翼翼,该来的还是会来。

一日,我因为选题需要,去拜访一位互联网公司的电商产品经理。地点约在她家附近的一家咖啡馆。

到了咖啡馆,看到她正坐在一个角落,双手飞快地在键盘上敲打。看她正忙于工作,我没有立刻上前打扰,不想打乱她的节奏。

过了大概十多分钟,她忽然站起来,盯着电脑皱眉。

我过去问："怎么了？"

这时她才看到我，说："你来啦。不知道怎么回事，我电脑突然死机了。"

她按了按重启键，电脑没有一点儿反应，按强制开机键，也没有反应。

我建议她先拿去修理。她说："不急，我直接买台新的就行了。"

我哑然地看着她先给同事打电话说明了一下这个突发情况。然后手指翻飞地操控着手机，打开网站，选小时达，筛选机型，点选安装系统，备注"急急急"，订单提交完成。

一番操作猛如虎，之后她放下手机，品了两口咖啡。接着下单让快递员把坏掉的电脑送去电脑城的维修店。

我结结巴巴地说："你，你这解决方式也……太飒了吧！"

她笑道："难不成要我抱着死机的电脑泪洒当场啊？"

我不解道："那也不至于马上买台新的吧？"

她笑着解释说："这几天公司测试一个新产品，我需要时时刻刻盯着数据，肯定等不了好几天去修电脑。而且这个电脑用了好几年了，硬件配置确实不太行了。我本就打算忙完这阵换个新的，巧了，今天它就罢工了，那就顺势换台新的吧。"

不到两个小时，新电脑就配送到了她手中——她连送货地址都选在了咖啡厅。

打开电脑，测试了一下，运行很流畅。她把测试后台打开，又给同事打电话了解了当前的数据情况。然后就一边监看数据一边和我聊天。

我想，随便换个人遇到这么倒霉的事情，高低会被气得口吐芬芳吧。她却像什么事都没发生一样。

我赞叹道："真佩服你的果断，雷厉风行。"

她微微笑了一下："习惯了吧！以前没少遇到突发状况，也跟个孩子似的怨天怨地。有什么用呢？不如想想怎么才能快速高效地解决问题。"

生活是什么呢？

生活是，突发之事接连不断，不分场合，你要学会和它们说声"算了"，这样才能腾出心力解决问题，才能在更紧急的事发生之前稳住局面。

生活嘛，就像个小孩，脾气古古怪怪的，我们只能慢慢来，情绪稳定地与它握手言和。

偶尔不开心，
是快乐正在加载中

01

很难想象，已经毕业这么久的我，居然会梦到自己在发了疯似的背课文，身后还站着拿皮鞭的老师。

记得上小学的时候，我最讨厌的事情就是背诵课文。那时候，我总想，为什么会有那么多那么长的文字要背下来？太烦人了。所以，每当老师要求背诵时，我就很郁闷，常常一边假装努力，一边想办法糊弄过去。

如果你问我："你不怕被老师批评吗？"

怕，我当然怕了，那会儿学生哪有不怕老师的。但是，能怎么办呢？比起背诵那些读都读不懂的东西，我更喜欢看连环画。

某日早读时，老师说按座位顺序查背诵，眼看着同学们一个接一个站起来又坐下,我的心都要提到嗓子眼了。

等前座的同学如同照本宣读一般利索地把课文背完时,我脑海里一片空白,心想这次要彻底完蛋了。

当我胆战心惊地支棱起双腿,准备接受可能是有史以来最恐怖的审判时,老师那如同天籁一般的声音悠悠响起:"好了,大家背得都不错,就抽查到这里吧,下面我们翻到课本的……"

"哈哈!万岁,万岁,万岁……"我无比狂热地在心里无声呐喊着,就连脸上的肌肉也在兴奋地颤抖,我怎么能这么幸运呢?那种如释重负的感觉真的太爽了。

刚过两天,老师又要抽查古诗背诵,好巧不巧地点到了我,更巧的是那首诗是我背得最滚瓜烂熟的一首。当老师夸我"不错"时,我的嘴都要咧到耳朵根后面去了。

我们这一生真的会遇到很多幸运时刻。所以,偶尔令你紧张的事,不一定真的会降临到你的头上,大可不必提前自己吓自己。

不过纸终究包不住火,在后来的一次小考中,老师终于发现我除了会背那首诗,其余的一概不会。从那以后,我这个小学渣便成了语文老师眼里的"重点培养"对象。

在老师不断地特殊"关照"下,我过上了从出生以来"最苦不堪言"的生活。但是,一个学期后,我却拿了一张班级第三名的奖状回家。平日里就连我要一块钱都会审问我半天的老爸,那天却破天荒地给了我一张十元大钞。

老爸摸了摸我的头,自豪地说:"好闺女,真争气,想买啥买啥去吧。"

我拿着那张十元大钞,感觉自己已经拥有了整个小卖部。

后来,我慢慢地发现了一个规律,每当我郁闷、无聊、烦躁的时候,或吃了点苦头后,很快就会有一件好事发生。

在情人节那天翻看朋友圈,对我这个单身狗来说,无疑是锻炼心态的最佳机会。不是九十九朵玫瑰大捧,就是后备厢藏着鲜花和大熊,再不济也是左手一朵玫瑰,右手的戒指点着高脚杯,配文:"羡慕吗?男朋友送的。"

我刚有点郁闷,朋友发来一个小心心,又发来一朵小红花,配文:"亲爱的,我来给你献上我的爱心和花花,爱你哟!开不开心?"

你看,偶尔升起的小郁闷,总能被突然而来的惊喜冲散。要试着相信,这个世界的某个角落,总有一个人会在你需要的时刻准时出现,并给你捎来快乐。

我的这位朋友是曾经要好的同事,她结婚后,便和丈夫回老家发展了。

我给她发去一个大红嘴唇表情,说:"亲爱的,你的爱心和花我笑纳了。说说吧,是什么事让你如此开心?"

她发来一张照片，照片上是一大朵开得正艳的……嗯，是月季花，而且是盆栽月季花。看来今年她收到花了。记得去年的今天，她向我抱怨，老公因为出差，不仅没有给她送花，连个电话都没打，为此她郁闷了很长一段时间。

朋友说："他匆忙赶回家，在楼下看到一个小伙子在给一个姑娘送玫瑰花，还说'情人节快乐'，他才知道今天是什么节日。他匆忙跑去附近花店，但玫瑰花都卖完了。刚好花店有一盆开花的月季，于是他干脆把这盆月季买了回来。他很不好意思地将花递给我说：'老婆，节日快乐。'那一刻，我真的很幸福，无关花是什么花。"

"瞧你幸福的，要羡慕死我了。我都能想象得到现在的你有多开心。"

"他回来之前我还生气呢，以为今年的情人节又要在我的怨念中度过了，谁承想这个闷葫芦，终于开窍了。"

我说："时间虽无言语，却总能在乱糟糟的生活里给我们捎来很多惊喜。所以，凡事别太着急，放宽心态，属于你的快乐正在加载。"

现在的我很少因为一些突发的小事而烦恼或郁闷，朋友们也经常问我："你活得太惬意了，年纪轻轻的，你是怎么做到的？"

我总是笑着说："感觉好事将近呗。"

他们常常误会我说的"好事"是个人的终身大事，我免不得要解释一番:"坏事已经发生过了,接下来的可不就只剩下好事了嘛。"

02

上大学时,谁没有被暗恋这件小事暗伤过呢?

某一天,我们发现平日里虽然话少,但总是一副笑呵呵模样的小蒲突然不爱笑了,整天失魂落魄的,常常一个人发呆,没有课的时候就窝在被子里睡大觉。

我和亚楠、小梅担心她是遇到了什么特别不好的大事,也怕她继续这样闷下去真的会出事,所以三个人生拉硬拽地将她拖下了床。

小蒲抬头看着将她团团围住的三个人,嘴硬地说:"我啥事没有,就是想睡觉而已。"

亚楠眯着眼,一副刑讯逼供的架势:"你看我长得像坏人吗?说吧,你究竟怎么回事?"

小梅拉过她的手,一副语重心长的样子:"有什么事,你就说出来,可不能把自己憋坏了。"

我拍了拍她的肩膀:"可不是嘛,天天看你这样,我们都挺着急的。"

小蒲低着头,还是什么都不想说。亚楠急了:"你再闷不吭声,我可要使出杀手锏了。"说罢,她举起两个爪子作势要扑上去。

小蒲赶紧护住怕痒的部位，急忙说道："别，别，不是我不想说，是不知道怎么说起。"

原来，小蒲暗恋上一个男生，一个说不上帅气，但文质彬彬，说话很温和的男生。这个男生是她在选修课上遇到的，只是偶然间坐到了一起，他向小蒲借了一支笔的间隙，她就被他温和清澈的笑容俘获了。

从那以后，小蒲就爱上了选修课，总在课上寻找他的身影。他的一举一动在小蒲眼里都是那么好看，那么令人心动。

可是，某一日，小蒲却看到他牵着一个女孩的手去上课，那一瞬间，仿佛天塌地陷。

从决定偷偷喜欢一个人开始，展开的就是一场自己与自己的战役，你要深埋所有情愫，克制想要说破的冲动，按压下每次与他见面时都想多说几句话的欲望，咬着牙忍受其他异性与他打闹逗趣。甚至要强迫自己接受他已有了恋人，可那个人绝不是你。所以说，暗恋注定是一场有始无终、自导自演的内心大戏。

既然当初有上台的魄力，戏要散场，就该有能走下台的勇气。

谁的青春没有一场不宣于口的情愫呢？

听完小蒲的叙述后，我们三个人都沉默了。

还是亚楠带头打破了沉寂，她低沉着嗓音说："我不知道怎么安慰你，就想问问你，你真的决定要为一个连你是谁都不知道的人消沉下去吗？"

亚楠的话犹如醍醐灌顶，瞬间让我和小梅找到了支点。

小梅双手一拍，一副原来如此的样子，说道："对啊，有时候我们对一个只见了几面的人念念不忘，不过是给他脑补了太多滤镜。其实以前我也暗恋过一个人，就因为他打篮球特帅，像《灌篮高手》里的流川枫，我便对他心生仰慕。可后来有人告诉我，他半年换了三个女朋友，我就再也不去篮球场了。当然，我不是说所有人都像他这样，我想说的是，对于一个不太了解，只是在不经意间让你心动的人，你会不由自主地将他脑补成一个十分完美的人。但他真实的样子，一定不是你想象中的那样。"

我跟着补充道："亚楠和小梅说得都对。你好好想想，这两天你食不下咽，整天浑浑噩噩的，可那个人却美女在怀，甚至不知道有你的存在。你为此一直为难自己，值得吗？"

暗恋这件小事，实在不值得伤怀。

毕竟在不久的将来，你可能就会遇到那个眼睛里写满你，心里只容得下你的人。在此之前，赶快把碍眼的石头踢开，好好吃饭，好好学习，好好工作，好好滋养自己，这样你才能在他到达之际，以最好的状态相迎。

要时刻记住，你的幸福正在路上，切莫让无关的人消耗掉你太多的能量。

该说的话说完之后,我们便散了。小梅继续写论文,亚楠擦拭着她心爱的车模,我继续研究上节课老师留的课题。

就在我们各忙各的时候,小蒲突然大喊一声:"我要满血复活,我要高兴快乐。"

小梅哎哟一声:"大姐,你要吓死我吗?好好的灵感被你吓没了。说,怎么补偿我?"

亚楠扶额哀叹:"还好,还好,没把车门掰断。"

我则哈哈笑道:"说吧,接下来怎么个复活法?"

于是,我们四个人手一支冰激凌,在林荫小路上散步。亚楠和小梅在前面走,手拉着手,哼着歌。我和小蒲跟在后面,小蒲伸手接住一团飘下来的杨絮,笑着说:"真漂亮。"轻轻一吹,杨絮飞去了别的地方。

我问道:"还有什么想做的?今天我们舍命陪君子。"

小蒲说:"其实我已经没什么事了。真的很神奇,当我决定不再多想,只想开开心心的时候,我觉得我看到的一切都特别美好。你看我们穿越的这条小路,以前从来不觉得它有什么,今天却觉得它很浪漫,它一定承载了很多人的故事,包括我们的。"

原来快乐是可以选择的,同样的景物,你可以选择看到它开心,也可以选择看到它熟视无睹。

偶遇不快乐的事时,我们不妨先对自己说一句:"我不要难过,我要快乐。"如果说一句不顶用,就多说几句:"我要快乐,我要快乐,我要快乐……"再不行,就跑到外面去,对着蓝天说,对着阳光说,对着树上叽叽喳喳的麻雀说。相信我,快乐说多了,它真的会随风而来。

我们还年轻,时间还很长,偶遇一点风浪不算什么。在不开心的时候,就带上自己去找点浪漫的事做。

目之所及皆美好,你又怎会不快乐?

事已至此，
先吃饭吧

~~~~~

01

有天晚上刷到一个姑娘发的求救帖。她说自己在一家规模特别小的公司上班，老板是个四十多岁的中年人，平日里对员工都很亲切。当天下午，老板和几个朋友在办公室聊天，傍晚时，老板要请朋友们出去吃顿饭，她恰好去放文件，老板便邀请她同去。她心想老板只是客套几句，就直接拒绝了。

老板看着她，淡笑着说："你这孩子，这么不爱凑热闹吗？"

她想也没想就说："现在我们年轻人的想法跟以前不一样了，有点空余时间就想做点自己喜欢的事。"

等从老板办公室出来之后，她越想越觉得自己说的话不对劲。猛然间她意识到自己闯祸了——说自己年轻，不就等于在说老板和他的朋友们老了吗？说下班想做自己喜欢的事，不就是在说跟他们一群中年人吃饭是件很无趣的事吗？

帖主欲哭无泪地表示，现在想死的心都有了，可覆水难收，真不知道明天该怎么面对老板，或者说，没准明天她的桌子上就会出现一封辞退信。

网友看到她的求救，有人幸灾乐祸地说："没办法，谁叫你情商这么低呢？自求多福吧！"

也有热心肠网友提议："明天你见到老板时，主动打招呼。如果老板搭理你了，说明没事；如果老板都懒得搭理你，就主动点，卷铺盖走人吧。此处不留爷，自有留爷处嘛。"

还有位网友评论道："淡定。这事兴许是你多想了呢？人家当老板的自然有大格局，怎么会跟一个口无遮拦的小丫头一般见识呢？不过我要是老板，肯定不想用一个嘴笨的，脑子不灵光的。"

帖主回了个锤子。

笑也笑过了，我实在看不下去了，便也跟着回复："事已至此，多想无益，不如洗洗睡吧！"

一时口快，说了些不过脑子的话，这很正常，毕竟谁也不是生来就口才了得，懂得圆滑处事的。况且，说出去的话，就是泼出去的水，收不回来，越想解释就越欲盖弥彰，反而得不偿失。说了就是说了，事已至此，该吃吃，该喝喝，剩下的就交给天意了。

第二天午休的时候,我又特意看了看昨晚的帖子,在我的留言下面有好几条帖主的回复。

"姐姐,爱你呦,我不想了,爱咋咋地吧!"

"哈哈,啥事没有,那些个想看笑话的,恐怕要让他们失望了。"

"姐姐,你好厉害,还好我昨晚洗洗就睡了,如果懊恼一晚上,我肯定要长痘痘了。"

"姐姐,我关注你了,以后我遇到问题了,还望多多宽慰。"

本来不想再回复的,但这个小姑娘太可爱了,我便回道:"姐姐可没有你想的那么厉害,曾经我也因为遇到了一些不可逆转的事而自寻烦恼,到最后才发现,不过是杞人忧天罢了,有些事其实根本不用太在意。"

初夏的一天,我穿上新买的碎花裙子,背上米白色帆布包,赶去同事们说好的聚餐地点。我喜欢一个人走路的感觉,不需要追着谁跑,也没有人打扰。

初夏的阳光透过树叶间隙细细碎碎地洒在路上,每当我可以踩到一块斑驳的阳光,嘴里就会"嘻嘻"一声。可开心的时间不长,突然一个东西轻轻地落到了我的头上。

我伸手去摸,黏糊糊、热乎乎的。拿到眼前一看,整个人瞬间炸裂当场,我的天啊!我居然被鸟屎砸了。

我眼睁睁地看着从我身边走过去的几个人捂嘴偷笑,恨不能扒出一条地缝赶紧遁走。手上奇怪的味道令我作呕。

我简单收拾了一下,就直奔前方不远处的公共厕所。虽然把鸟屎沾染的地方都清洗了一遍,但我心里始终不痛快,总觉得头上飘着一股奇怪的味道,挥之不去。

同事打电话来催,就剩我一个人还未到。我哀叹一声,便硬着头皮去了。

我以为和大家在一起有说有笑就能忘了这件事,但我越是刻意回避,就越发觉得那坨东西还在我的头上,不仅没有处理干净,味道还越来越重了。

所以,我不敢靠同事太近,不敢随便晃脑袋,连同事拍着我的肩膀靠近时我也会稍稍往旁边挪一挪。

有两位同事凑在一起窃窃私语,时不时传出来的笑声,更是让我紧张万分,仿佛有千军万马在我心里奔腾。她们仿佛在说:"什么味道这么难闻?是她身上的吗?离她远点儿,太恶心了。"

我感觉自己越来越紧张,越来越累,看似大家都在议论我,连擦肩而过的陌生食客向这边望一眼,我都会想是不是闻到我头上的怪味道了?

总之这顿饭吃得我异常难受,筷子没动几下,食不知味。到散场时,我就像个做错事的孩子,快步远离人群,对着同事们挥手告别:"我有点急事,就先走了,拜拜!"

几个同事想要挽留:"还要去唱歌呢,你先别急着走呀!"

我一边向外挪动着脚步,一边说:"真有急事,你们玩得尽兴就好。"

我快步没入夜色,直至看不到她们的身影,才将封堵在胸口的一口气呼出来。

回到家后,我直奔浴室,将洗发膏、沐浴露、香皂等,但凡能在头发上和身上涂抹的,全都用了个遍。直到我自己闻着身上的香气都有点冲鼻的时候,才作罢。

洗完澡出来,看到微信上有一位同事给我留言:"你今天怎么了?看你挺恍惚的。你走后,大家都说你似乎有心事。其实你要真有事,可以不来的,咱们都是老同事了,没那么多讲究。"

我盯着同事的留言看了很久。在这段时间里,我想到了很多,想到原来没人知道我发生了什么事,原来根本没有奇怪的味道,原来我故作镇定反而弄巧成拙,原来我越在意什么,什么就会在无形中影响我的情绪、态度和言行,让我看上去心事重重、心不在焉。

我记得有位朋友对我说过,对于不可控的事情,要时刻保持乐观,否则想得越多,内心戏越多,反而会滋生更多的麻烦或困惑。

事已至此,不可违逆,把该做的做了,就够了。

有时候,什么都不做,比做更能平息事态。

其实人在囧途,怎么能没点儿囧事呢?

走秀崴脚、唱歌跑调、手机掉进泡面桶、鼻孔喷出面条、孩子跟老师说你睡觉放屁、私事错发到公司群、试鞋子袜尖上破了个洞、说话时口水喷到了朋友碗里……这一件件囧事，发生了就是发生了，当时大大方方地处理一下就算过去了。只要你不当回事，就没人会一直惦记。

成年人都很忙，没人总念着你那点儿小事。大胆点生活，你没那么多观众。该吃吃，该喝喝，破事别往心里搁。

02

小荷路过我工位的时候，不小心蹭掉了我摞在边上的一堆文件，小荷一边捡一边急切说道："对不起，对不起，我不是故意的。"

"没关系，不要紧的。"我顺手去接小荷递过来的文件，恰好看到她眼圈红红的，是刚哭过的样子。

我不是个爱管闲事的人，但小荷毕竟与我共事多年，出于关心，我还是问了句："你没事吧？"

谁知我这一问，小荷绷不住了，豆大的泪珠子一颗接着一颗掉下来。我只好带她去休息室进行宽慰。

小荷说，她和多年的发小闹翻了。她的奶奶因为脑出血，正在医院ICU里观察，需要很多钱，家里已经把能挪动的钱全用了，她把自己的工资也全打了过去，但还是不够。于是，她去找发小要回去年借给她的一万元。

可小荷才开口，发小就翻脸了，说："你用得着搬出你奶奶吗？我又不是不还你钱，说得我好像故意要赖掉你那一万块钱似的。这就给你转，有啥大不了的。至于跑我这里哭吗？真是的。"

我问小荷："你把要钱的缘由告诉你发小了吗？"

小荷点点头。

我说："既然如此，你还有什么好难过的呢？该解释的都解释清楚了，若你发小珍惜你，早晚有一天会主动联系你。若你们只是这一万块钱的缘分，就此别过，也挺好的。至少让你明白了廉价的关系是不需要在意，也不用挽留的。失去是相互的，对方都不怕，你怕什么？"

小荷闻言皱眉道："也对，她若不想要我这个朋友了，我何必自找没趣呢？"

我笑着说："就是呀！要难过也是她难过，失去你这么贴心的朋友是她的损失，不是吗？"

小荷深吸一口气，终于笑了："突然间好饿呀！我从昨天到现在就只喝了一碗南瓜粥，我要去补充点能量。"

有些事，你做了，但做不成，就先放着吧；有些人，你留了，但留不住，就爽快放手吧。能留给时间的问题，就别强加给自己。万事尽了力就好，不用太苛待自己。

生活破破烂烂，
但总有人缝缝补补

01

最近这些年，常听到有人说："这个世界很好，但下辈子我不想再来了。"

岁月如梭，但放在每一段难挨的日子里，又过得很慢很慢，慢到我们能感知到自己走的每一步，能清楚地看到自己都经历了哪些苦难和煎熬。仿佛生活本就该是一片晦涩，脚下踩的永远是一片贫瘠的焦土，很难看到希望，很难体会到快乐。

所以，我很少听到有人高举着双手，一脸得意地说："我这辈子没白活！"

我听到最多的是情感中掰扯不清的爱恨，是在原生家庭里承受的委屈，是对婚姻不抱任何希望，是对工作的心灰意冷，是对朋友、同事恶意嘲讽后的卑微讨好，是与生活妥协后落寞的背影，是闷在心里撕心裂肺地吼叫："凭什么就欺负我，凭什么？"

我为什么要写这么多负能量的东西呢？因为这就是真实生活的一部分，破破烂烂的。

可是你知道吗？就是这样破败的日子，还是有人在悄悄缝补着，他们既是在笨拙地缝补着自己的生活，也是在小心翼翼缝补着他人的生活。

在某一部电视剧里有这样一段情节，夜晚桥上，一个女孩趴在护栏上，时不时向下张望，这时一辆白色轿车从她身边驶过，行驶缓慢。

时间一点一点过去，女孩一会儿向桥下探探头，一会儿又缩回身子。

原本已经离开的白色轿车，又开了回来。而这时候，那个女孩似乎也做好了准备，抬脚就跨上了护栏。

白色轿车紧急停下，车上下来一男一女跑向女孩。但他们已经来不及阻止那个女孩，眼看她没入了冰冷的河水中。

男子立刻脱掉外衣，直接跳进水里去施救。

在桥上等候的女子大喊着："救命啊！有人跳水了，快来人啊！"然后慌乱地打电话报警。

可这里前不着村后不着店，根本没人能听到，况且那时已经到夜里十一二点了。

时间一点一点过去，跳下水的男子拼命托着姑娘，但姑娘用力扑腾着，他也快没力气了。就在这时，一辆黑色轿车经过，车主看到桥上有个女子一边急得直跺脚一边望着河里，便赶紧停车查看。看到水里的情况后，二话不说也跳进了河里。
　　最后，他们二人成功将轻生的女孩救上了岸。

　　成年人的崩溃仿佛都是一瞬间的爆发，但其实是因为心里已经积攒了太多的心酸和委屈。可是，当你觉得没人在乎的时候，当你徘徊在悬崖边上的时候，当你想放弃生命的时候，总有人希望你能健康快乐地活着，哪怕他只是素未谋面的陌生人。所以，他们才会不顾一切地跳进水里、冲入火场，他们想拯救的不单单是生命，还有你对生活的绝望。

　　有次和朋友聊天，聊起各自觉得很难的时刻。
　　朋友回忆说，当年考研失败的时候，又恰逢失恋，她就把自己关在了房间里，连续两天不吃不喝，身体就像被掏空了一样，也只有"万念俱灰"能形容那时的心境。
　　直到第三天清晨醒来的时候，她突然有一阵很强烈的饥饿感，她觉得不能再继续颓废下去。于是，她便顶着一脸疲倦，有气无力地到楼下的早餐店吃饭。
　　刚走进店门，还没等她开口，早餐店的老板娘就冲着身后的厨房喊道："一碗豆腐脑，外加两根油条，一个茶叶蛋，豆腐脑不放蒜汁、香菜。"

喊完，老板娘笑呵呵地冲着朋友问道："不知道我说得对不对？"

朋友像小鸡啄米似的点着头。她说，当时想张嘴说声谢谢，可话突然就哽在喉咙里怎么也发不出声音，因为不知道为什么，当听到老板娘的话时，她心里就泛起一股暖意，泪水夺眶而出。

那家早餐店是她经常光顾的地方，可除了点餐，她并没有和老板娘说过多余的话，没想到老板娘竟然记住了她的喜好。

吃完早餐后，朋友觉得自己的身心都充满了满满的能量，仿佛又活了过来。

我特别理解朋友的感受，因为在我的生活中，也有特别多的陌生人温暖着我。有时是上电梯时双手拎满袋子，陌生人帮我按了楼层；有时是我买菜时，老板多塞给我一个小番茄；有时是东西掉到地上，陌生人帮着捡起来并笑着递给我……

电影《海边的曼彻斯特》里有一句特别好的台词："其实，最能治愈孤独和疏离的就是日常的琐碎，在很多绝望的时刻，人间烟火是救命的绳索。"

你我置身于人间烟火，却行色匆匆，只看得到生活的苦涩，这是不对的。

诗人巴尔蒙特曾写道："我来到这世上，为的是看太阳，和蔚蓝色的原野。"我们来人间一趟，就是来听，来看，来体验人生的。所以，脚步慢一些，眼睛看远一些，心放宽一些，目之所及的烟火、星辰和大海，是别人的，也是你的。

02

年前我收到一条短信："把你家的地址发过来，我给你寄点儿东北特产，让叔叔阿姨尝尝我们地道的东北特色。"

发短信的是我的一位老朋友了，虽然见面次数并不多，但关系却出奇得好。几年前她离职回东北，后来我们就靠着微信联系。

每逢过年的时候，她都会给我一些意想不到的惊喜，比如她会和孩子录制一段拜年视频，当跨年的钟声响起的时候，拜年视频便如约而至；她很会修图，去年就把我的照片制作成我喜欢的古风照片，还特意做成了一本电子相册送给我。如今又要给我邮寄东北特产，她真是一个特别温暖的朋友，虽然我们并未过多参与彼此的人生，但她的每次出现都会温暖到我。

回头望去，这一路走来，我认识了很多人，有的连名字都未告知，就消失在了人海中，缘分也许浅了些，却给我的人生留下了一点点斑驳的阳光，抚慰着我平凡且疲惫的灵魂。

做实习生那会儿，有次我跟着一位同事去见客户，当她看到我的时候，上下打量了一番，微笑着说："你今天的着装有点随便了。"

我看了看同事，又看了看自己，说："我平时就是这么穿的呀！白T恤加黑裤子。"

同事脱下她的休闲西服外套递给我："把它穿上。"

我穿好之后，她让我回头对着玻璃窗看看，只是搭配了一件西服外套而已，整个人的感觉却不一样了，很得体，又有点都市女强人的干练。

同事满意地点点头说："你先穿着吧。记住，平日里你怎么穿都可以，没人会关注你也不会有人说你。但是见客户，还是要稍作打扮，以示对对方的尊重。女孩子就要注意着装得体，妆容淡雅。"

从那以后，这位同事看到什么适合我的服装配饰，就推送给我，教我怎么穿搭，还经常鼓励我要学会尝试不同的风格，根据场合不同，随机应变。

在她的敦促下，我开始花心思注重自己的着装，每天晚上都会搭配好第二日的穿着，早晨起床后把自己收拾得精神奕奕的，人也越来越自信。

后来，那位同事换了公司，我们之间的联系渐渐少了，直到现在再无联系，但她教给我的，却让我受用至今。

你的生活里，偶尔会突然出现那么一个人，他来，不一定要与你交深言深，却会给你的生活带来一些好的改变。

我刚实习的时候，工作起来特别较劲，有时会因为一篇推文排版不好看，就自己默默加班两三个小时，反复去试，去调整。所以那时候的我特别累。

后来我们主编知道我经常加班，就对我说："工作积极卖力是好事，但比起工作，你的健康更重要。记住了，在工作上，不懂可以去问，不要加无用的班。以后别再把顺序弄颠倒了，先人后工作，先请教方法再训练技巧，这样工作起来才有意义，有效率。"

主编的话就像一阵沁人心脾的风，瞬间吹醒了我。

常听人说，活着太难了，走到哪里都会遭遇各种委屈和冷漠。我想，这大概是因为坏的事记得太牢固，好的事又太容易忘记造成的。

人生苦辣酸甜，调料很多，除了委屈和冷漠，还有积极的鼓励和善意的提醒。我们无论走到哪里，都会遇到温暖的人，经历温暖的事。所以，别说心灰意冷，你走过的路也有别人走过；你难过的时候，总有个人希望你变得快乐。

03

小雪刚来北京的时候，就体会了一回身在大城市的辛酸和无助。就在她心灰意冷的时候，却被无意间遇到的人和事抚慰了心灵。

那是她刚到北京的第二天，原本要去找朋友商量租房的事，可她揣在兜里的钱居然被偷了。

她想不起来是在挤地铁的时候丢的，还是在挤公交车的时候丢的，因为她完全感觉不到有人曾把手伸进她的衣兜里，可她的钱就是不见了。

慌不择路的她赶紧联系同在北京的朋友，朋友说："没用的，找不回来，你就当吃一堑长一智，以后钱财不要放在外衣兜里。"

同学问她需不需要帮忙，自己刚发工资，可以帮她先度过眼下的困局。

小雪强颜欢笑着说："不用，这是我第一次丢钱，所以一时难以接受，但生活上不受影响。"

那天，灰暗的天空从清晨阴到傍晚，小雪的心情也一直郁郁的。

后来，云终究没能托得住雨。车窗外细雨连绵，小雪听着公交车报了一个又一个站点，心里默念：再晚点，再晚点，等雨停了再到站。

细密的雨滴像呛人的洋葱，不是打在了玻璃上，而是打在了小雪的眼中。刚丢了大半个月的生活费，下雨又没有伞，生活怎么就这么不待见她呢？她用力向上仰头，生怕最后一点尊严也丢掉了。

车停在一个十字路口等红灯，小雪靠着车窗。这时，窗外一辆电动车停在路旁，电动车上一前一后坐着一对母子。他们浑身都被雨水浸湿了，落魄得就像被世界抛弃了一样。

小雪说，看到那对母子的时候，就像看到了自己，心酸、煎熬、无助。

雨逐渐下的大了起来，妈妈扭头看向后面，孩子抬头望向妈妈，突然孩子指着妈妈的脸哈哈大笑起来。妈妈疑惑地抹了一把脸，竟把掉了一半的假睫毛抹了下来。看着手上的假睫毛，妈妈也哈哈大笑起来，她宠溺地摸摸孩子的头，然后把假睫毛粘在鼻子下面，努起嘴，歪歪头，对孩子做了个鬼脸，孩子也调皮地用手捏住眼和脸颊，俏皮地吐着舌头。

绿灯亮了，那对母子继续冒雨前行，妈妈摇着头哼着歌，小朋友摇着头摆着手，似乎风雨都只是在给他们伴奏。

小雪追寻着消失在雨雾中的母子，突然觉得窗外的雨也挺可爱的，所有的不好似乎也都不算太糟糕。

有人觉得生活是炼狱，有人却能在炼狱里做一条快乐的鱼。所以，无论遇到的事有多糟糕，境况有多么的不如意，只要你有心缝补生活，心里愿意欢喜，即便世界没风，你也会跑起来找到风。

妈妈曾和我说，小时候姥爷家的条件非常一般，那时候妈妈看邻居家的小朋友有风筝放，特别羡慕。后来在北京的舅姥爷带回来一个风筝，他说这是给大家伙买的，要家里的小朋友们一起放。可是因为年纪小，风筝线总是攥在别的小朋友手里，妈妈怎么哀求都拿不到。于是，她跑回家钻进被子里哭。姥爷问她怎么了，她一边委屈地哭,一边说:"为什么别人都有风筝放,我就没有?我也想放风筝。"

姥爷摸着妈妈的头,笑呵呵地说:"谁说你没有了,爸爸这就给你做一个。"

姥爷在柜子里东翻西翻,找了几块薄一点的布料,又从高粱秆上掰了几根挺杆,熬了一碗面浆。之后,姥爷一边想一边用麻绳缠挺杆。等架子做好了,就把几块碎布摆在上面,然后对妈妈说:"好了,剩下的就交给你了。"

姥爷的意思是,让妈妈把这些碎布先缝成一整块,然后再缝到挺杆上。妈妈没做过针线活,但在姥爷的指导下,也算顺利完成了,最后姥爷在拼凑成的布料面上刷上了一层薄薄的面浆。

虽然风筝的样子很丑,但是当妈妈拽着不长的绳子,奔跑着将风筝放起来的那一刻,欢喜极了。

妈妈说,她至今记得姥爷背她回家时说的话。姥爷说:"袜子破了个洞,只要补上,就还是一双好袜子。所以呀,日子再苦再破烂,只要你肯用双手去缝补,好日子会有的,一切都会有的。"

后来妈妈把姥爷的话加工了一下,她说:"不开心,就找块开心补上。缺什么,就用自己的双手慢慢把它填上。就算你补不上,也会有个人来帮你补上。"

妈妈说这些话的时候,我还小,所以半懂不懂。经历得多了才明白,虽然生活总是缺斤短两,但总有办法去缝缝补补。所以,这世界很好，而我也可以很好。

就像现在，你能读到我的故事，那么我就是你人生的一个过客，希望你在翻阅这本书时，我也能给你带来阳光，哪怕只是零星一点。我也由衷地希望你懂得善待自己，善待生活。

重点不是胖点还是瘦点，而是对自己好点

01

我轻轻拍了下旁边工位上的同事："走，咱们一起到楼下去吃点东西。"

同事摆摆手："你去吧，我带午饭了。"

她从背包里掏出一个食盒，里面装满了切好的黄瓜条和洗好的圣女果。

我有些担忧地说："你已经瘦不少了，脸色看上去不太好，天天看你只吃这些东西，我都觉得难以下咽了。"

她欣喜地捧着自己的脸，笑道："我真的瘦了吗？很明显吗？这几天我都不敢上秤，特别怕努力白费。"

我不禁哑然，看来同事为了瘦身，根本不在乎方法可不可靠。

随后的几天里，同事依然每日只食低热量的蔬菜，肉眼可见地瘦了下来。可就在某日的上午，我听到身后"砰"的一声巨响，她重重地摔倒在地上，我和另外一个同事陪同老板急忙将她送去医院。好在医生说她只是营养不良加上低血糖，输些营养液和葡萄糖，以后在饮食上注意均衡，就没问题了。

其实我的这位同事并不胖，只是略有点婴儿肥，看上去肉肉的，却很匀称，还有点可爱。但是，她下个月要去朋友的婚礼上当伴娘，所以她想在短时间内变得更瘦一点，以呈现出更好的状态。

为此，她选了节食的瘦身方式，每天只吃蔬菜等低热量的食物，而且每顿饭都只吃五分饱。

就这种吃法，任谁都能在十几天内瘦上一大圈，可代价也是非常明显的。饮食单一加过度饥饿不仅会让人的皮肤变得暗黄无光，还会危及健康，最终不仅无法达到想瘦的预期效果，一旦恢复正常饮食，还会快速反弹。

我的这位同事就是这样的例子。她出院后，遵照医嘱恢复了正常饮食，可不到半个月的时间，她就比原来胖了两圈。原本预订好的伴娘服是合身的，但后来穿到她身上时，不得不打开暗藏的加宽条。

其实，女孩子对自己的容貌和身材没几个人是特别满意的，有的嫌自己腿粗，有的嫌自己腰圆，有的嫌自己小肚子鼓，有的嫌自己皮肤黑，有的嫌自己脸太大，等等。总之，"减肥、变美"这四个字对女孩子来说是难以抵挡的诱惑。

当晓晓告诉我，她正在减肥的时候，我提醒她，千万别投机取巧，不要靠药物，更不要过分节食。晓晓反而打趣道："我像是那种会亏待自己的人吗？我可是肉食动物，要让我天天吃草，那我的人生岂不少了很多乐趣？"

我好奇道："你是怎么减肥的？中午吃饱，晚上不吃吗？"

她掰着手指头说："我该吃肉吃肉，该吃菜吃菜，少油，少盐，减少碳水的摄入，把一碗米饭减少到半碗。哦，当然，晚上就不吃碳水了。但是，该吃饱的时候，我决不让自己饿着。再加上每天走个五千步，或者跑个两公里。我又不是特别胖，慢慢减呗！"

晓晓说，她这样的减肥方法，根本用不着坚持，因为压根就没有给自己的食欲和心理造成任何负担，只用了半个月，就瘦了四斤。而且，她发现，瘦下来之后，不仅体态变轻盈了，精神状况也越来越好了。

减肥这件事，看似很难，其实也不难。重要的不是瘦了几斤，而是在减肥的过程当中，不要亏待了自己。如果一定要给自己设计减肥餐，就要把减肥餐做得荤素搭配、营养均衡并且好吃才行。

人不可高估自己的毅力，人性如此，一旦长时间自我亏欠，就容易因为某种刺激产生报复性心理。比如，闻到路边的烤肉味，看到人们撸着一串又一串铁板鱿鱼、羊肉串……正在减肥的你心态怎么能不崩呢？所以，那些咬着牙也要拼命节食减肥的人，往往越减越肥。

我有一位特别爱吃零食的朋友，她也曾因为偏胖而苦恼，可是零食是她减肥路上的最大阻碍。但短短半年后，再见她时，她却瘦出了曲线。

我惊喜万分地问她："你是怎么做到的？别告诉我，你已经不爱吃零食了。"

她笑呵呵地说："就知道你会这么问。像我这么爱吃零食的人，会为了追求低热量而牺牲口感吗？我追求的是健康的生活方式。"

原来，朋友花了两天时间做攻略，搜罗了一大堆低脂低卡的零食，甚至有些是她从未尝试过的，比如鸡胸肉薯片。

她兴奋地说道："我还从来不知道鸡肉也可以做薯片，而且肉质含量高，零油炸，口味众多，和普通薯片一般酥脆爽口。想吃零食的时候，我就来一袋这个，也没有什么负罪感，因为它的热量和一个苹果差不多。哈哈！"

能把减肥减得这么欢乐的，非我的这两位好朋友莫属了。

所以，姑娘们，我们减肥的目的是愉悦自己，那减肥过程就不要委屈自己了，否则岂不是逐末忘本了？

02

有人为减肥绞尽脑汁,有人却因为太瘦了而终日郁郁寡欢。这世界之大,意想不到的事其实很多。

有次出差,要去的城市正好有我的一位高中同学。上高中时,我们关系特别好,但因为考上了不同的大学,后来见面的机会就越来越少了。

当我告诉她,我已经降落在她所在的城市时,她说什么也要和我见一面,因为她有身孕,我们就约在她所住小区外面的一家餐厅里。

我们大概有五年多不见了,所以初见她时,我有点震撼,毕竟任谁看到一个挺着七八个月大肚子,却依然清瘦的女人,都会感到错愕。所以,我下意识地去扶她,总觉得她一抬脚就有可能摔倒。

她笑着说:"你快坐下,我没关系的。你忘记了?我一直都是这么瘦的。"

我不好意思地摸摸头,说道:"我发现你更瘦了,怎么样,都挺好的吧?"

"放心吧!各项指标都很正常。"

听她这样说,我就放心了。可是,我们在交谈的过程中,她看上去心事重重,时常不经意地唉声叹气。

孕妇心情不好是大忌,所以我有点担心,便劝道:"现在你的情绪很重要，万事要想开些。"

她再叹口气，说："我婆婆总是觉得我太瘦了，每天变着法地让我吃。我也想长胖些，可不管我怎么吃，就是不长肉。虽然医生告诉我没关系，只要各项指标正常就不用担心，可我就是会胡思乱想。我现在每顿饭都会强迫自己多吃，但是你看，我还是一副骨架子，如今，胃也不好了，时常胀气，反酸水。"

"你这是关心则乱，"看她垂头丧气的，我转而打趣道，"你可别再说了。像我这种多吃一口饭就能长两斤肉的，我还没地方哭呢！"

她呵呵笑着，但我知道，这句玩笑应该无法缓解她内心的不安。

两个多月后，她给我发来一张照片，她一脸欣慰地贴着宝贝儿子的脸。

我给她留言：多健康的宝宝呀！以后别再多想了，对自己好点。

易瘦体质的准妈妈，的确会面对一些外在的或内在的压力。但是，只要医生说没有问题，就把心放进肚子里吧！你要做的不是怎么让自己变胖点，而是怎么放松怎么来，怎么自然怎么做，这样，才能更好地保障自己和宝宝的健康。

天生易瘦体质的人我见过很多。记得上大学的时候，同楼层的宿舍里有个女生身高有一米七五左右，但是她太瘦了，整个人看上去非常单薄。

有个爱恶作剧的男生在她身后贴上了一张纸条，上面写着：行走的骷髅。

第二天，这个女生就穿了一件前后都印着骷髅架子的大卫衣，昂首挺胸地出现在那个恶作剧的男生面前，趾高气扬地说："怎么？羡慕姐的身高比你高吗？还是羡慕姐天生嗨吃不长胖？"

第三天，这个女生就在学校论坛上发表了一篇文章。她说，女生胖也好瘦也好，自信最重要。与其想着法子去迎合别人的审美，不如把心思都用在自己身上。只要没吃别人家大米，不管是胖还是瘦，都该挺直腰板，抬起头来向前走。你要走路带风，活得英姿飒爽。

我想，只要是天生的易瘦体质，是健康的瘦，就没必要为了长点肉而强迫自己胡吃海塞。

当然，如果你希望自己长点肉，可以向专业的营养师咨询，千万不要委屈自己的胃，不是随便吃些高油高脂的东西，或不停地给自己加餐就能如愿。一不小心，可能会改变体质。而且，任何不健康的饮食习惯，都是健康杀手哦！

我们的体态，将来还会随着年龄增长或一些突发事件，发生一些变化。比如，有的女性在怀宝宝的过程中会发胖，即便生下宝宝也不好瘦下来；有的人因为生病，需要服用激素类药物，结果体态越来越臃肿;有的人还会中年发福;等等。

这些体态上的变化,会影响我们的心情。但是,当你想要做出改变的时候,一定要用健康的方式。

你是这世间仅此一朵的花,无论是修剪枝蔓,还是重长枝丫,都要用最温和妥善的方式,先好好护着自己,再慢慢开始变美。

第三章

一个人最好的修养，
是情绪稳定

一个人最好的修养，
是情绪稳定

~~~~~

01

坐在我工位对面的小姑娘给我发来一条私信，说最近两天一直觉得张姐对她爱答不理的，和她打招呼，总是很冷淡地点下头。送她一杯奶茶，直接被推到了一边，说："太甜了，不适合我。"那种被疏远、冷待的感觉，怪不是滋味的。

这个天真烂漫的小姑娘，我估计她很难想到自己是怎么惹到别人的。

两天前，老板组织召开部门会，在会上，他特意点了个人，这个人就是张姐。

老板拉着脸，耐人寻味地说："最近被退回来的稿子有点儿多,都找找自身的问题。对了,张姐,你最近……一会儿去主编那儿一趟吧!有事找你。"

散会后,大家默不作声地往外走,只有这个小姑娘"扑哧"一笑。我和两个同事回头看过去,她睁着两只无辜的大眼睛说:"怎么了?"又好似忽然反应过来一般,两手托腮,俏皮地眨巴着眼睛说:"我是不是很可爱呀?三位姐姐?"

我们身处的圈子,接触的人,都很复杂,有的人善良、大度、和蔼可亲,但同时又不乏敏感、猜疑。有时候,看似只是一声笑,但很多关系发生转变,就是从这一声不经意的笑开始的。

小姑娘很苦恼。我说,一切都源于那天散会后她发出的一声笑。

她直呼冤枉:"我那天又不是笑她,就是朋友给我发了一段有趣的话而已,怎么?还不能让人笑了吗?这也太那个了。"

可能现实与她想象得不太一样,她还想像个孩子一样随性、张扬。我虽然理解她的心情,但是大人的世界,控制好自己的情绪,是我们作为大人应具备的最基本的能力。

我斟酌了一下,在尽可能不伤害到她自尊心的情况下,告诉她:"你是个爱笑的姑娘,你的笑明媚阳光,一定温暖了很多人。可是,人在难过的时候,情绪不佳的时候,最无法接受的就是身边人爽朗的笑声。你不妨换位思考下,或许你曾经也经历过类似的事情，那些无意间传到你耳边的笑声，此时听着就格外刺耳，不是吗？"

过了很久，小姑娘回道："我懂了，我会找个机会跟张姐解释清楚的。"

我给她发了个摸摸头的表情，回道："不用解释，有时候一句道歉比解释更容易说清很多事情。还有，张姐这人挺好的，你不需要太紧张。"

人为什么想笑又不能笑呢？

我想，想笑就笑，是顺从了本心；想笑不笑，是懂得了人情。

当我们身处一些特定的场合，需要我们保持敬意、庄重的时候，本就应该收敛好自己的情绪，保持好应有的仪态。

记得两年前，老家有位老人病逝，在逝者的灵堂中，有几个小辈一边玩手机一边交头接耳有说有笑，令我反感极了。而灵堂的另一边有两个小辈，神情肃穆，既不随便与人攀谈，也不会捧着手机打发时间，只是安安静静地守在老人灵柩前。

每当有亲属来吊唁时，那两个小辈都会庄重回礼。

所以，为什么你要有能稳定好自己情绪的意识和能力呢？我觉得，就是为了让自己无论身处怎样的环境中，都能做一个不失修养的人。

02

年少的时候，我酷爱心灵鸡汤，总觉得里面的话甚合我意。我记得，有段话是这样说的：人不要活得太累，管他什么是是非非，只要自己尽兴就好，人生不过几十载，怎么快活怎么来。

那时候，我想，能说出这种话的，一定是活明白了的人，从活明白了的人嘴里说出来的话，就一定是有道理的。

可后来，我随性了几次，才明白，只管自己肆无忌惮地尽兴，反而会招惹来是是非非。只管自己乐不乐意，不开心就随意宣泄情绪，反而让身边的人与我渐渐生疏，让我成了一个不通情理之人。

高三那年，有段时间我的成绩很不稳定，所以我时常感到烦闷。

大年初一的时候，家里来了很多亲戚串门。因为马上高考，妈妈允许我不用外出见客。但是，客厅里热热闹闹的欢笑声就像关不上的闹钟，搞得我心烦意乱。

当几个小孩子从我门前跑过去的时候，我终于受不了了，猛然拉开门，对着外面吼道："拜托你们能不能小点儿声？还有你们几个小屁孩儿，到别的地方玩去。"说完后，我用力将门关上。

外面顿时变得鸦雀无声。

不久后，我听到了敲门声，爸爸妈妈站在门口，表情很严肃。

爸爸叫我出去："亲戚们都走了，你也别写作业了，出来聊聊！"

来到客厅里，我刚要坐下，爸爸板着脸说："你就站着吧，坐半天了，立一会儿对腰椎好！"

我扭头看向妈妈，妈妈也说："你别看我，我一会儿也有话对你说。"

爸爸倒了一杯茶，却一直没有喝，生气地说："你去挨个给人家打电话，道歉。"

我不服地嚷嚷："我为什么要道歉？凭什么？"

"就凭大过年的你让人家不痛快了。你以为你还是小孩子吗？你心情不好，就让所有人陪着你心情不好？你也太自以为是了！"

我再次看向妈妈："妈，你看我爸，他吼我！"

"你爸吼得轻了，要我看，就该让你写两千字的检讨书。"妈妈也严肃地说，"知道你压力大，你在家的这些日子，我们轻手轻脚，说话压着嗓子，时刻都在迁就你。我也提前告诉你了，初一、初二这两天家里要来亲戚，说说笑笑少不了。你要学不进去，就出来跟大家寒暄一下。可你是怎么做的？今天来家里的都是你的哥哥、嫂子和小侄子们，你这两嗓子吼出去，既让亲戚寒了心，又让自己丢了人品。"

"我没想那么多，我就是太烦了，一时没忍住。"听完妈妈的话，我也意识到自己确实太没礼貌了。

爸爸接着说道："再烦，也不能迁怒别人。人不能因为自己心情不好，就对别人甩脸子。你今天来这么一出，让你的哥哥、嫂子们怎么看你?

我赶紧表态:"我知道错了还不行嘛,你可别骂我了,我这就去打电话,挨个道歉。"

人在烦躁、郁闷、愤怒的时候,最想干的事就是找人吼两句、骂几声,或者摔摔东西、砸砸门,这是宣泄坏情绪的一种方式,却也是伤人一千自损八百的烂招式。

那天和哥哥、嫂子们道歉时,有的直接原谅,有的则反过来表示理解,一个伯伯家的小孙子却隔着屏幕喊道:"我以后再也不去你家玩儿了。"

唉!虽然我诚心诚意地道歉,但挽回一些事还需要时间。

谁会愿意接近一个没礼貌的人呢?我想,如果我不好好改改自己这个毛病的话,怕是早早地就"晚节不保"了。

03

关于不能随意发泄坏情绪这件事,我要多说上几句。不能发泄坏情绪不代表不能有情绪,更不代表要忍气吞声地做个老好人,否则一定会被某些真正品行不端的人拿捏,或者被当作皮球踢来踢去。

我记得有一次老板请我们去他家里做客，有位同事带了一个朋友过来。他的这个朋友虽然跟老板见过两次面，但算不上相熟。可来者是客，老板并未介意。

然而，等老板的父母端菜上桌时，他望着已经摆上桌的饭菜说："咦？全是素呀？绿油油的，够清爽的。"

大家一愣，带他来的同事心想完了，忘记告诉他，老板一家人喜好食素，做菜的手艺是一等一的好。主要他也不曾想到这个朋友竟然会如此没有礼貌，不分场合地开玩笑。

老板的爸爸恰好来上菜，听到这话有些不好意思地说："那，你们等等，我再去炒个青椒肉丝。"

然而老板的面色早已沉了下来，拦住他爸爸："爸，你们别忙活了。"转而对那个人说："我跟你不是很熟，不知你的喜好，所以招呼不周，怠慢了。不过我们楼下有家火锅店，你不妨去试试。"

同事的朋友再傻也能听得出来这是在下逐客令，脸面上自然挂不住，起身就走了。

那人走后，带他来的同事颇显尴尬地向老板道歉，老板却转瞬换上笑颜，拍着他的肩膀说："跟你没关系，我只是不太喜欢那些既没礼貌又不懂礼节的人。咱们该吃吃，该喝喝。"

发脾气不是非要张牙舞爪或者歇斯底里，更不是撒泼打滚、尖酸刻薄。

在你想发脾气之前，不妨好好想一想，你发脾气的目的是什么呢？

我想，是为了解决问题，是让对方知道你是有底线有尊严的人，不会任人拿捏，更不会事事妥协。

但脾气这个东西既不能任由其泛滥，但也不能一点儿没有。

这些年一直流行着一句话："你的善良要带点锋芒"。我们都要学会用恰当的方式表达愤怒。

有次我去大伯家吃饭，我到的时候，大家正在厨房里忙碌，大伯母在擀饺子皮，二嫂在包饺子，大嫂则一手嗑着瓜子一手玩着手机。简单寒暄了几句话后，我也开始跟着一起包饺子。

我们有一句没一句地聊着，说的大多数都是回忆和家长里短的闲话。

眼看饺子快包好了，大伯母对还在嗑瓜子的大嫂说："你赶紧剥两头蒜，打点儿蒜泥。"

我看向大嫂，她这个人，我不太了解，只听妈妈念叨过，她是个比较懒散的人，而且不喜欢做饭，好在她和公婆住在一个院子里，平时都是公婆做一日三餐，日子倒也过得舒心。

大嫂放下瓜子，走到院子里，喊来三个孩子，然后丢给他们两头大蒜，说："别光玩了，把这两头蒜赶紧剥了。"

交代完事情后，她就又回到原位置上继续嗑瓜子，有一句没一句地问我一些在外面的生活和工作上的事。

我看着这一家人其乐融融的场景,心想,大伯母和二嫂一定都是脾气特别好的人。

直到大伯母提起冰箱里还有一条鲤鱼,昨天在集市上买的,再不吃恐怕会坏掉。大嫂眼前一亮,笑呵呵地说:"我特别想吃酸菜鱼。"然后抬头对着二嫂说:"你明天要没事,就把鱼做了呗?想吃你做的酸菜鱼了。"

大伯母率先说道:"明天让你爸炖就行了,他这几天都闲着呢!"

大嫂快言快语道:"炖鱼不好吃,酸菜鱼多下饭呀!"她又冲着二嫂说道:"我冰箱里还有点儿大虾,到时候你再做个麻辣虾锅。"

我离二嫂很近,所以我清晰地听到她深深吸了一口气。我想,完了,妯娌俩人会不会当场互掐起来?可是,二嫂并没有表现出丝毫不愉快,反而笑道:"你这么一说,我也想吃酸菜鱼了,可明天我不一定有时间。这样吧!我把做鱼的步骤写好发给你,你照着做就行了。"

大嫂跷着二郎腿,将嗑空的瓜子皮丢地上,拿腔拿调地说:"我可干不了这活儿。晚饭又不着急,你什么时候不忙了就什么时候过来做呗。"

说实话,但凡有点儿脾气的人,都会对大嫂的态度心生反感。可二嫂却依然笑呵呵地说:"在咱们家,论厨艺,大哥说第二,我可不敢说第一。"说完,二嫂掏出手机,对着话筒发了一段语音:

"大哥，嫂子说明天想吃酸菜鱼，正好咱妹子也回来了，大哥小露一手呗，我们也跟着饱饱口福。"

语音刚发出去，就收到了大哥的回复，他说："行啊！还想吃什么？都告诉我，我提前买好。"

二嫂把手机递给大嫂，说："大嫂，你来跟大哥说吧，我们就是蹭饭的，沾你的光而已，可不敢再提要求。"

大嫂接过手机，我明显看出她的脸色有点儿不自然，她回复道："你看着买吧！"然后就把手机推回给了二嫂，而二嫂一副云淡风轻的模样，与我一边包饺子一边话家常，仿佛什么都没发生过一样。

美国著名心理医生斯科特·派克曾说："在这个复杂多变的世界里，想要人生顺遂，我们一定要学会生气。"我们要学会用不同的方式，恰当地表达愤怒的情绪。有时候需要委婉，有时候需要直接，有时候需要心平气和。

不发脾气的人，不是没有脾气，而是把脾气化作了和风细雨，一边达成目的，一边优雅大气，同时在别人那里刻下不容小视的印记。

人还是要有点脾气，但更重要的是要稳定自己的情绪。

还没发生的事情，
不要提前担心

01

朋友们发现我与以往有些不同，于是问我："咱还能愉快地玩耍不？怎么叫你出去玩，推三阻四的？"

我稍表遗憾道："没办法，在下算了一卦，今日不宜出门。"

他们当然清楚我在胡扯，但碍于我说一不二的性格，倒也不会生拉硬拽。

那段时间，我很少逛街、购物，也很少外出游玩，每天过着两点一线的生活，除了去公司就是回家。可就算我把生活极简到了这般田地，还会时常感到不安。那种不安的感觉就像病毒，从它悄悄潜入我的精神开始，就在不断降低我对生活的兴趣，影响我的判断和选择。

临近小长假，晓晓问我要不要自驾去内蒙古玩，去看看大草原上"风吹草低见牛羊"，去大口吃肉、大口喝马奶酒，当几天不理俗事的女汉子。

我爽快回道："去，听上去就不错。"

可是等这件事定下来后，我又开始乱琢磨了。我想，开好几个小时的车，路上万一出点什么事怎么办？晓晓在牧区订好的那户居民家，会不会有问题？

虽然晓晓一再保证，绝对没有任何问题，而且她叔叔就在那边，有熟人在，应该没有什么可担心的。况且，走的是旅游路线，路上行人只多不少。但我的忧虑并未因此消减。

我是从什么时候开始对外界这么没有安全感的呢？

这得从短视频的兴起说起。自从我可以在各个平台上非常直观地看到每天发生在世界各地的灾难、车祸、人为事故等不幸事件后，我对能不能好好活着这件事就有了越来越深的疑虑。我发现人的生命太脆弱了，我能好好呼吸每天的空气更像是一种偶然，而这种偶然似乎随时都会被结束。

一些画面时刻都在冲击着我的神经，让我觉得下一秒存在太多变数。尽管我所担忧的事从未发生过，可那些时不时冒出来的忧虑，就像荧幕后的恶鬼，反复恐吓着我。

其实，人有担忧才会生出警惕心，防患于未然。但是，当担忧成为习惯,恐惧心理就成了一个人生活中的基本状态,日日担惊受怕,让未发生的事提前在心中上演千百遍。

等晓晓再次问我时,我支支吾吾说道:"晓晓,要不咱还是别去那么远了,就在北京附近转转吧!"

晓晓说道:"不是说好的吗?我对草原向往已久,此次去,是我好不容易才下定的决心。"

我试图劝说道:"自驾游去那么远的地方,风险太大了,而且我上网查了查,一路上净是荒郊野外,要不你再考虑考虑?"

晓晓无奈道:"你可太惜命了,怎么什么都往坏处想呢?这可不像你。"

我也觉得自己变得特别敏感、紧张。若换作从前,我定会欢呼雀跃地背上行囊,说走就走。可当时,我满脑子想的就是各种突发状况:车到半路爆胎了怎么办?疲劳驾驶出事故了怎么办?被其他事故牵连了怎么办?在牧区遇到坏人怎么办?越想我越害怕。

最终,我并没有和晓晓一起去草原。

随晓晓同去的是她的两个同事。从出发的那天起,她每天都会在朋友圈里更新行程,拍些沿途的风景。等到达目的地后,也如愿以偿地住进了梦寐以求的蒙古包。

虽然,我所担忧的事,从晓晓出发的那一刻起就在脑海里反复重演。可现实却是，从始至终，一件糟糕的事都未曾发生。

和我视频通话的时候，晓晓举着比自己脸还要大的烤羊排，说："看见这羊排没有？这可是正儿八经吃着大草原上的草长大的羊哦，老香了。"她身后是一眼望不到边的绿，白花花的羊儿们在牧民的引导下，跑向远处的高坡。在那高坡上，还有连成线的马儿优雅地踱着步子。

那一刻，我瞬间觉得手里的外卖不香了，倒不是贪婪晓晓手里的烤羊排，只是我也曾向往过那片大草原。

晓晓回来时，给我带了一些当地的特产。她打开一包牛肉干，一边用力咀嚼一边说："你说你亏不亏？好好的假期，非得躺家里天天吃外卖。"

我叹口气，说："我好像真的病了，时常莫名其妙地担忧一些不可能发生的事。看到你活蹦乱跳地站在我面前，再想想当初那些杞人忧天的话，傻透了。"

晓晓白了我一眼："你也知道你是杞人忧天啊？"

"知道又怎么样？我还是会胡思乱想。要不，我去看看心理医生？"

晓晓伸手探探我的额头，说道："我摸着'CPU'也不烫啊！"

我拨开她的手："别闹，我觉得自己都快魔怔了，这种感觉很不好。"

晓晓仰坐到沙发上："你我年龄差不多，好歹我们也活了快三十年了，这三十年不说顺风顺水，却也有惊无险，对吧？"

我点点头，她继续说道："生命本身就是一个充满变数的过程，我们活着就是来冒险的，你以为坐在家里就没事了？你不知道有句话叫'人在家中坐，祸从天上来'吗？所以呀，与其整天怕这怕那的，不如想一想现在做点什么，才不枉我们来这人间一趟。"

我伸出大拇指，说道："有道理，小的受教了。"

晓晓摆正身板，下巴扬得老高："赶紧给本尊呱唧呱唧。"

我想，应该有不少人与我有过相同的经历，总在担心一些尚未发生的事情。

刚谈恋爱就开始担心分手；

刚入职场就担心做错事被骂，或者说错话被同事孤立；

做了妈妈之后担心孩子长不高，担心孩子被欺负，担心孩子没有一个好的未来；

忧心丈夫前途无望，给不了自己想要的未来；

或者跟我一样，怕明天和意外，会是意外先来。

结果，越怕分手越爱得卑微；越怕出错就处处出错；越想教育好孩子，与孩子之间的摩擦就越多；越想让丈夫努力，就越看他不顺眼，日夜争吵不断；越怕意外先来，生活得反而越不快乐。

担忧这种负面情绪，引发出来的只有焦虑。一个日夜焦虑的人，除了恐惧、害怕，就是不断地和家人朋友之间产生摩擦；

我不想让自己一直处于紧张状态，我来这世间走一遭，可不是为了给一个糟糕的情绪买单。所以后来，每当我忍不住又要忧思的时候，就会提醒自己，想那么多干吗？未来的事谁也说不准，没准我会有什么奇遇呢？

每当我有所顾虑时，就会想点儿好玩的事情，做做白日梦，心情自然会变得愉快些。

02

达达姐说，他们公司要裁员了。这几年，房地产行业越来越萧条，已经有申请破产的了，他们公司早晚也会有所动作，而裁员是她意料之中的事情。

从我租房时认识她到现在，她就一直是房屋中介。她常说，卖房子也好，租房子也好，都是一项很有成就感的职业。每当看到客户通过自己住进心满意足的房子时，那种感觉就像是给了别人一个家。

所以，达达姐很热爱自己的工作，而不仅仅把它当作一份养家糊口的差事。

"达达姐，你有什么打算吗？"

"打算什么？提前找好退路吗？结果还没出来呢，先看看吧！"

"等结果出来，会不会晚了呢？以前，我朋友也遇到过裁员，她提前一周找好了工作，不等裁员结果出来，就直接去新公司任职了。后来，听留下的同事说，名单上确实有她的名字。她很庆幸当初提前做好了安排。"

"嗯！我的同事也有在找工作的。但我只想在这些日子里继续做好自己分内的事情。昨天有位老爷子过来说想卖房子给儿子治病。他的房子不在闹市区，还是一个老破小，不太好卖。我先试试，毕竟他儿子正等着钱救命呢。"

"达达姐，我可真佩服你，给你发张好人卡！"

"那是自然的。"

我一直记得达达姐在朋友圈里说过的一句话，她说："时间、精力是我最宝贵的成本，我把它花在哪里，哪里就会生出相应的价值。"

她是一个泰山崩于前而面不改色的女子，什么事在她面前都称不上大事，还时常说："老天爷要为难你，你拦得住吗？管他明天会失去什么，做好该做的就行了。"

要失去的东西，不会因为你思虑过多而不失去，反而会因为你将大把的时间和精力用在思虑上，导致失去更多。还不如把唉声叹气的时间留给当下的自己。

让自己活在当下，去为当下的事分配时间和精力。重要的是，我今天开心了吗？而不是，明天该怎么办呀？

未来要发生的事，若无力改变，想再多也无济于事，不如踏踏实实过好今天；若有能力扭转乾坤，那就从当下去做，去行动，去改变，而不是坐在原地杞人忧天。

网上流传着这样一段话：不要提前焦虑，也不要预支烦恼，生活就是见招拆招，日落归山海，山海藏深意。回头看看，你已经挺过了很多磨难，练出了一边崩溃一边自愈的你，该经历的不该经历的都经历了，该忍受的不该忍受的都吞下了。天大的事情，顺其自然，也不过如此。一念执着，万般皆苦，一念放下，便是重生。

所以，别想那么多，按部就班地生活就好。我时常提醒自己，我就是一个普普通通的人，能踏踏实实过完这一辈子就足够了。该上班上班，该玩玩，困了就睡，闲了就做做手工，读读书。

朋友说我这是胸无大志，我笑着回她，我确实没有"痣"。

玩笑归玩笑，但我确实认为最好的生活状态，是一个人在面对纷繁复杂的生活时，依然守得住心中的一方净土。

你不妨试着把自己内化到一个七八岁小女孩儿的状态，看到好看的花儿就夸花儿好看，看到天上有飞机拉线就多看两眼，被批评两句就批评两句吧，然后想吃什么就去吃什么……

时间久了，你会发现，能把每一个当下过好，人生就不会过得太差。

除了健康，
什么都不是你的

〜〜〜

01

我把鲜花和水果放在床头柜上，大雁虚弱无力地说："你人来了就行，买什么东西呀？"

没想到她病得这么严重，面色苍白的没有一点血色，嘴唇干涩皲裂的像挂着好几层碎皮。

我含笑着说："这么漂亮的花，看着心情也会好很多的。"

当我在"在京吃喝玩乐"群里看到她生病的消息时，就很想来看看她，可是真的看到了，又觉得真是令人难过。

"好好的，怎么突然就病了呢？不是前阵子你还说已经很久没出去过了，想去个山清水秀的地方吗？"

她的目光显得有些迷离，说："以后有机会再去吧！我现在就想赶紧把病治好，赶紧回去工作。我已经请了半个月的假了，不能再拖着了。"

在一旁剥橘子的丈夫皱起眉头说："你能不能先把身子养好了再想工作的事？整天就知道工作，你看看你都成什么样子了？要不是你这段时间天天加班，不好好吃饭，也不会得这胃病。"

大雁有些生气地说："不工作，吃什么？喝什么？我要一直不去，你以为那个位置就一直为我空着吗？"

丈夫叹了一口气，不再说话。

不工作，吃什么？喝什么？

对啊！人不能不工作，不能不挣钱。毕竟想吃的大虾、螃蟹和烧烤都需要花钱才能买到；想穿得体面，想买品质好些的衣服、鞋子、包包，也需要向商家支付才能得到；想让孩子接受更好的教育，更是需要足够的经济支持。

你看，生活的方方面面都需要资金去运转，手中无余粮的日子实在令人不安。所以，人们才想用自己的体力、精力、时间作为交换，去换取更多报酬。

谁不需要钱呢？我对它也是欲罢不能。但是若要让我在钱和健康两者之间做选择，我一定选健康。

哪怕去过清贫的日子，我也要健康地生活。

记得几年前有一条新闻被推上了热搜，说的是一名员工把自己所在的公司告上了法庭。

那位员工自大学毕业后就一直在那家公司工作,五年来兢兢业业,为了更好地完成工作,几乎日日加班,可最后却拖垮了身子。

躺在病床上的时候,她对记者说,她在那里工作了五年,算起来每天都会加班三四个小时,有时候为了尽快完成项目,还会一连两三周加班到凌晨一两点钟。谁也无法想象一个女孩是怎么做到加完班后一个人独自走在黑漆漆的路上的。有时候回家后,脑子里想的还是工作。

以前,她觉得自己能加班是一种荣誉,再看那些每天只工作七八个小时的人,简直就是在虚度光阴。所以,即便是生病了,只要不是躺在床上起不来,她都会提前到公司。哪怕在生理期,还是经常加班到深夜。

直到有一日,她突感浑身乏力、头晕眼花,走几步都心慌气短,才不得不放下工作,去医院挂诊。

医生说,她是扩张型心肌病,心脏已经超出了正常大小,现在只能暂时用药物拖住病情,减缓恶化的时间,医生建议如果有条件,最好是做心脏移植手术。

尽管到了生死关头,她还在想,不能因为自己耽误公司的项目进度,所以她直接向主管坦白了病情,但也表示,不会因为病情耽误项目进展。

可是她太天真了,不久后她便收到了人力资源部的辞退通知。她尝试跟人力资源部沟通,但没人有耐心听她解释。

没有了工作,她拿什么承担巨额的手术费?拿什么继续还房贷、车贷?拿什么照顾年迈的父母?……这一切一切生活的压力,压得她喘不过气来。

她很清楚,那份工作已经不需要她了,会有一个年轻力壮的人接替她的工作。

她想起小时候家里虽然穷,但父母砸锅卖铁也要供她读书,别人有的学习教材、日常用品,她都有。原本,她想着等将来挣大钱了,就把父母接到城里居住,让他们也过过好日子。所以,她很努力,拼命努力。可结果呢?好日子没过上,却让父母找亲戚们借钱给自己看病。

看到这里时,我鼻子一酸,险些没忍住。作为成年人,哪里会不懂她的心酸。后来,那家互联网公司公开向她道歉,并根据法庭宣判给了她应有的补偿。可是,那些补偿有什么用呢?对于治病来说,只是杯水车薪。

身子垮了就是垮了,她很后悔,不该为了一份工作,为了挣那点钱,就无节制地消耗自己的生命。可世上没有后悔药,也没有可以穿梭回以前的时光机。

深夜一点半的北京,总有几座大厦灯火通明,总有几扇窗户亮着灯,还是有一些人正熬着,可能他们就是觉得自己年轻,熬夜也没事,觉得自己不会出现那些倒霉的情况。

有健康，不一定会有一切；但失去健康，有一切也是白搭。

后来，我翻出这条新闻推荐给大雁，请她一定要仔仔细细读一读。虽然我不确定她能不能读进去。

最近这些年，关于打工人因长期过劳猝死的新闻太多了，甚至有一位只有二十三岁的姑娘，凌晨下班时猝死在了路上。

我们是很年轻，但年轻不代表身体是钢筋铁骨。透支身体，就是在提前预支生命，不要等死神来了才悬崖勒马，那时候不是你想多睡几天觉就能补得回来的。

我问过几个朋友："有没有拒绝过加班？"

有的说："我得买房啊，巴不得多加几个小时呢！"

有的说："老板、同事都在加班，我可不敢提前走，万一被穿小鞋，或者被辞了，那不就完了吗？"

还有位朋友说："我们公司项目多、节奏快，本来环境就紧张，竞争力大，我要懈怠了可不行。"

好像所有人都有理由加班，也没理由不加班。仿佛心里住着个拼命三郎一直在说："千万别停下来，你要是敢停，就被开了，可别做蠢事，机会是给勤劳的人准备的……"

可我的同事苗苗却说："偶尔遇到紧急项目加加班可以，长时间持续加班我肯定不接受。工作而已，干吗那么拼命？"

我问她："那你是怎么拒绝加班的？"

她笑着说:"很简单呀,我就直接跟老板说,我觉得头晕目眩,心跳加快,然后,老板就十分和蔼可亲地嘱咐我,多注意身体,别加班了。"

我也穷过,刚大学毕业的时候,我的那点工资扣去房租、水电和基本开销,所剩无几。那时候,我连买一双八十八元的鞋子,都要犹豫很久,最后买了一双五十元的处理鞋。

后来,朋友问我要不要做个兼职,在奶茶店做收银员,每天从下午六点到八点半,工资是六十元。当时我很心动,但仔细想了想,下班后兼职会让我的生活变得紧张、忙碌,甚至会改变固有的生活作息。所以,我拒绝了。

我本就出生在一个平凡的家庭,努力工作就好,没必要太拼命。懂得量力而行,才能保证自己一直有余力平衡工作和生活。

总之,在你还年纪轻轻的时候,我希望你吃好喝好,身体倍儿棒。该放松时放松,该努力时努力,张弛有度,才是刚刚好。

02

堂姐来北京,想让我陪她去医院检查身体,我问她怎么回事,她说最近经常感觉胸部两侧隐隐作痛,偶尔还会胃疼。我问她,怎么没让姐夫陪着。可是我刚提起,堂姐就一副恨不得吃了人的表情:"别提他了,看见他就烦。"

我帮堂姐预约了一位专家，医生询问过病症之后，就说："你是不是经常生闷气，平时情绪波动也比较大？"

堂姐点点头，说："嗯！三天两头地生气，有时还会气得打寒战。"

医生皱了皱眉，给开了做彩超、血常规、胃镜的检查单。

等结果出来之后，医生说："你有很明显的乳腺结节，但还不算很严重，可以通过药物治疗。不过，你一定要注意控制自己的情绪，尤其不能生闷气，你的胃痛和乳腺结节与你的情绪有直接关系。"

回家后，堂姐的情绪一直很低落。我劝她说："医生可刚嘱咐过了，你不能一直闷闷不乐。"

堂姐苦恼地说："我知道，可我做不到不让自己生气。"

我疑惑道："你跟医生说，三天两头生气，究竟怎么回事？"

堂姐摸索着药盒子，说："我嫁给你姐夫，纯粹是搭伙过日子。一开始还好，但后来就总觉得他哪儿哪儿都不好。他工作是不错，工资也高，但对生活却一窍不通。我每天下班回来，还要做饭、洗衣服、扫地擦地，他就只会等着吃等着喝，一点儿家务活也不干。所以，最近这两年，我们总是吵架。有时看到他，我就来气。"

我大概理解了一部分，堂姐不是接受不了自己的婚姻，只是生活里的琐碎正在消磨她仅有的热情，再加上一个情商偏低的丈夫，更是让生活变得很疲惫。但气大伤身，尤其对女子而言。

我想了想，如果我结婚了，会是一种什么样的生活状态呢，男主外，女主内？想到这，我不自主地摇了摇头，不可能，因为我很热爱自己的工作。

两个人都主外？可是，总要有一个人兼顾家庭吧。那兼顾家庭这个人是否会因为太疲惫，而使两个人心生不满，彼此摩擦不断呢？

我想，最好是两个人共同兼顾家庭，这是最好的结果，也是大部分女性希望的。可现实是，女性既要主外，又要主内，最终，家庭琐事成了家庭内部矛盾的导火索。

我听一位心理老师说过，婚后大部分男士不做家务，不是不肯做，而是无意识去做。毕竟，他从小被母亲照顾得太好，母亲也并未告诉过他，家务是每个家庭成员都要分担的事，包括养育孩子。或者，他的家庭逻辑一直是男主外，女主内，故此根深蒂固。当然，也可能是因为懒惰，是故意装糊涂，回避家务。

我把这些想法跟堂姐一说，她仔细想了想，说："他不懒，每天早晨七点起床去跑步，八点准时出门，八点半到公司。一个这么自律的人，肯定不懒。"

我借机说道："瞧你，姐夫在你眼里还是个很自律的人呢！"

堂姐忍不住笑了两声，说："他这人，我还是了解的，应该是没有意识。"

我双手一拍，说道："这就好办了。姐，人家都说好男人是教出来的，你得教他呀！"

"教他？"堂姐不可思议地看着我，"不是吧，这咋教？我吼他，他动都不动。"

"吼肯定不行呀！你得一边撒娇一边教。比如，你挽着他胳膊说，亲爱的，我手有点儿疼，你要心疼我，就把地扫扫呗？"

堂姐做了个鸡皮疙瘩掉一地的动作，连连拒绝说："不不不，这我做不来，太肉麻了。"

我问她："你跟你闺蜜有没有撒过娇？有没有肉麻兮兮地跟好朋友扯过皮？"

堂姐点点头，我说："那你就把他当成你的闺蜜和朋友。如果有办法帮他建立起做家务的意识，让他开始心疼你，为什么不呢？你难道还要为了那么点儿芝麻绿豆的事，气到自己生病不成？你总要用点技巧，让婚姻往好的方向发展，也让自己快乐些吧。"

好的婚姻不是你待我如初，我爱你入骨，那是小说里的事情。现实是柴米油盐，家长里短，我喊你去阳台收下袜子，你问我饭煮熟了没有。虽然摩擦不断，但你要有能力让自己寻到一个平衡点，不让坏情绪乘虚而入，既破坏了婚姻，又毁了健康。

在感情中，我们有时就需要冷静一些，大胆一些。冷静分析自己的婚姻状态，然后问一问丈夫："你是否有打算和我共同生活到老？"

他肯定会说："那必须的呀！"

那你就告诉他："既然想和我白头偕老，就少气我。"

你要让他知道，女人生气，毁的是健康，耗的是生命。

大胆就是试着突破一下死板的婚姻。好的婚姻需要女人多经营一部分，这部分就是情调。偶尔对他说些情话，或者送他一些小惊喜，男人是需要呵护的，用你可以想到的浪漫，去温暖他。

人一般都会在美好的、轻松的、愉快的氛围中敞开心扉。

若遇到个别不懂浪漫的男人，索性借着送小礼物的机会直言不讳："以后不许再忘记我的生日和结婚纪念日，还有，我是要礼物的。"若他爱你，定会把这些话牢牢记在心里，并年复一年，甘之如饴。

正如《莫生气》中所说："人生就像一场戏，因为有缘才相聚。相扶到老不容易，是否更该去珍惜。为了小事发脾气，回头想想又何必。别人生气我不气，气出病来无人替。我若气死谁如意，况且伤神又费力。邻居亲朋不要比，儿孙琐事由他去。吃苦享乐在一起，神仙羡慕好伴侣。"

你不需要向任何人去证明什么，更没有什么事是一定要实现的。你需要做的，就是不断尝试、感受、收获，然后放下。

我们来到这世间，是来体验生命的。看花怎么开，水怎么流，太阳如何升起，夕阳何时落下。经历有趣的事情，遇见难忘的人。而这一切，都离不开一个健康的身体。

所以说，什么是你的？只有健康是你的，它会伴随你终生，不离不弃。

稳定心态，开心快乐会让你容光焕发，人见人夸。

慢慢才知道，
生活和朋友越简单越好

01

在北京的大街上偶遇高中同学的概率有多大呢？我想不比买彩票中个大奖的概率大吧，但这样幸运的事，我恰好就遇到了。

当我和哲哲偶遇在北京街头的时候，我们两个都觉得应该去买张彩票刮刮，兴许就中了头奖呢？

多年后再相见，哲哲的变化不是很大，所以我一眼就在人群中认出了她。

坐在街边的一家甜品店里，我们两个聊起了从前，也聊起了这些年的变化。

哲哲说，她现在已经不摆烂了，想好好经营下自己的生活，看看往后的日子会不会朝着自己想要的样子变一变。

她问我:"你喜欢极简的生活吗?就是把和生活无关的或关系不大的全丢掉,也包括一部分你认为挺重要的朋友。"

"嗯!我很喜欢简单点的生活,我的朋友也不算多。"

"你真幸运,早早就想明白了这些。我是最近才知道,堆在客厅里的快递,其实正在破坏我的生活;朋友圈里永远也点不完的赞,一直都在消耗我。"

说着,她眼神望向窗外,看着大街上三五成群的姑娘,仿佛是在看过去的自己,那个原本可以简单快乐的人,是怎么把自己搞得一团糟的。

为了摆脱一丧到底的生活,哲哲开始包装自己。她想要快乐,想让别人用羡慕的眼光仰望着她,让大家都看到她过得多么有意思。于是,哲哲爱上了购物。但凡网上出现了什么新奇的商品,只要不是特别贵,她都会买回家,然后发个朋友圈,配上点文字:我来给大家试试水,反坑小能手上线。

朋友圈评论顷刻间就能炸开锅,有不少人留言期待结果,有的人对哲哲表示感谢,感谢她帮自己避坑,甚至夸她是生活里的福尔摩斯。

想起那段时光,哲哲说,自己从来没觉得自己有这么重要,但突然间就像有了一种责任,她必须坚持下去,这件事似乎是有意义的,她帮助了很多人,这让她感到骄傲。

可是慢慢地,她的生活被一堆用不上的东西包围了,客厅里、厨房里、卧室里、衣橱里，到处都是没拆封的盒子，只用了一次的小样，挂着吊牌的衣服，戴不出去的饰品，用不完的洗面奶和面膜，吃不完的螺蛳粉、米线和各种零食。

她说："你想过厨房里挂着四五个铲子、七八个勺子，摞成山的菜板，大大小小的锅子是种什么画面吗？每当我想做饭的时候，看着乱七八糟的厨房，什么心情都没有了，还不如点份外卖痛快。"

我想，哲哲一开始可能只是想用物质点缀生活，但后来越走越偏，把购买欲和虚荣感绑在了一起，让她分不清自己需要的是什么，生活需要的又是什么。

生活里拥有的东西太多，会让人有疲惫感。因为你会慢慢觉得，生活的空间越来越窄，这里需要收拾，那里需要打扫，能收纳的橱柜又不够用了，那个花瓶怎么那么丑呢？目之所及，一片狼藉，心情会好才怪。

如果你经常看厨房用具直播，就会发现自己什么都缺。可真正买了一堆锅回来之后，派得上大用场的还是原来家里一直在用的那口锅。

烤箱和空气炸锅的区别是什么呢？明明已经有个大烤箱了，还非得买回来一个空气炸锅，最后发现，还是烤箱用得多。

天天看美妆博主卖化妆品，一会儿说女人必须补水，除了补水精华，面膜也必不可少；一会儿说女人必须涂隔离霜，这样才能更好地保护皮肤；一会儿说女人必须涂防晒霜，一日不涂，后悔一季，多日不涂，后悔一年。

全买回来了，结果又有专家蹦出来说，女人涂在脸上的全都是科技与狠活，明明睡个好觉，吃个苹果能解决的事，非要花冤枉钱买一堆化学品。

有段时间，看着洗手台上琳琅满目的护肤品和化妆品，我也是很烦恼。因为每天护肤的时候，我总会焦虑，怕护肤步骤出错，担心花了这么多钱却没有达到预期效果；又怕用错美妆产品，发生过敏反应。总之，那些化妆品并未使我感到更多的快乐。

所以，我一狠心，把美妆产品全部收了起来。当我看到台子上只简单地放着一瓶洗面奶和基础的水乳等护肤品时，心里敞亮多了。

闲暇时可以偶尔刷刷视频，但要尽量减少关注卖货主播，如无必要别轻易打开购物直播间。毕竟，一般情况下，在主播的渲染下，我们很难不动心。但只要不过分关注，就可以降低购买欲望。

当你习惯了买需不买虚，生活就能回归简单、有序的状态。

我一直认为，追求物质生活没有错，说明你很热爱自己的生活，有心想让自己变得越来越好。那么，请不要轻易降低自己的追求，不要找差不多的替代品，认准自己最需要的东西，追求品质而非数量，就像找人生伴侣那样，宁缺毋滥。

02

重新说回哲哲。

朋友圈里有人催她试一试新出的手持式面条机,小巧玲珑还不贵,但就是不知道好不好用,买回来是不是鸡肋。

哲哲直接回道:"本人能力有限,以后就不再帮大家排雷了。"

她这性子倒是没变,不想做的事就直接拒绝。可是看着满屋子用不着的东西,该怎么处理呢?

很快,她想到了朋友,可以把这些小东西送给朋友们,一来可以巩固友情,二来显得自己热情大方,给自己立个好人品,多交一些朋友,总是好的。

不到一年时间,哲哲的朋友越来越多,人缘也越来越好。每天都有人找她聊天,生个小感冒,都会有人嘘寒问暖;过个生日,蛋糕可以转一圈,礼物收到手软。

一开始,她蛮享受这种被众星捧月的感觉,可时间久了,她发现自己不是月亮,倒恨不得是把自己揉碎了的星星。

毕竟姐妹众多,一年下来,她参加了生日宴十四次,参加朋友孩子的生日宴十七次,参加朋友父母的寿宴八次。再忙再累,她都得拖着身子去选礼物,拍着手开开心心地给对方唱生日歌,还要多拍几张照片发到朋友圈里,配上文字:祝姐妹生日快乐,祝我们的友谊天长地久。

生日宴不去不行,毕竟别人都去了,她不去有些说不过去。礼物不买不行，买得比别人差了，还要担心被嘲笑。

只要有人振臂高呼："今天我心情好，请大家吃大餐去，别不来哈，不来就是不给我面子。"她就是累成了狗，也得爬过去。

哲哲说："我从来都不知道，原来交朋友也会让自己这么累，不只身体累，精神也很疲惫。我每天中午和晚上都要翻一翻朋友圈，看谁身体不舒服，好及时嘘寒问暖；看谁需要集赞，赶紧点赞；看谁又心情不好了，赶紧发个抱抱的表情……你知道吗，原来人的内心太脆弱，也很敏感。只要我忽略了谁，总有人会质问我，'你不知道我生病了吗？都不知道关心人家''原来你不知道她分手了？看来你也不是那么把她当回事呀'。你看，朋友圈成了看人品的地方，你的圈子里有她，就得知道她最近的情况，否则就是不称职的朋友。"

有时候我们真的需要有那么一个人可以说说话、聊聊天，排解一下心中的郁闷，分享一下自己的快乐。可是，朋友多了，会成为精神上的负担。别说身在其中的哲哲了，我就是光听听都觉得很累。毕竟，要经营好和朋友之间的关系，需要你来我往，诚心相待，相互关爱。但人的精力是有限的，没办法照顾到所有人的需要和情绪。

为什么要广交好友呢？当你需要帮助时，真正能来到你身边的就那么两三个。剩下的人，吃吃喝喝还可以，一旦真需要他们帮忙的时候，一个比一个沉默。他们会考虑帮你值不值得。

所以，圈子小点儿没关系，只要干净就好。朋友不多也没关系，有几个以诚相待的，就够了。

哲哲说，当她决定要抛弃一些关系时，既有不舍，又担心被对方问责。可是，当她真的付诸行动，换掉手机号和微信，只通知了几个特别要好的朋友后，并没有人特意找她质问。

那时，她才真正体会到，原来自己在那些朋友眼里也算不上什么重要的人。不过，这样也挺好的。

后来，再有人约她去参加各种聚会、逛街或生日宴的时候，只要关系不是很好的，她都会拒绝。

所以，说朋友越多越好，或者说朋友多了路好走，这真的是个美丽的误会。

有的人知道这一点，觉得自己没必要广交好友，所以就维持着三三两两的关系，可为什么还是烦恼不断呢？

因为朋友虽然宜少不宜多，也要看看身边都是什么样的朋友。

上班的路上，我恰好遇到苗苗，她跟我说，昨天她经历了一件惊心动魄的事。

昨天傍晚，她和一个刚认识不久的朋友在一家街边拉面馆吃饭，有个小孩儿一直在过道里跑来跑去。朋友觉得烦，就大声嚷道："谁家的小孩儿？没人管吗？打扰到别人用餐了。"

小孩儿的妈妈听到后，第一时间就过来拉住了孩子，并且让孩子鞠躬道歉。但朋友却不依不饶地说："看这土都跑我碗里来了，还叫人怎么吃呀？"

孩子的妈妈再次道歉，表示愿意给朋友换一碗新的。

苗苗觉得朋友的态度有点过了，为了尽快平息事态，便说："可以，就这样挺好的。"

但朋友却不领情，张口就说："那怎么行？你得把我们这两碗都换了。"

孩子的妈妈觉得她得理不饶人，两人便争吵起来。孩子被吓得哇哇大哭，那位妈妈也越来越激动，抄起桌子上的一碗拉面，就要泼。

苗苗见势不妙，赶紧拉住："这位姐姐，我朋友说话快人快语，有失分寸的地方，希望你别往心里去，咱不能再吓着孩子了呀！"

最后在店主和围观者的拉劝下，双方才稍微平静了些。苗苗也趁机拽着朋友赶紧离开了这是非之地。

说完苗苗捂着胸口，仿佛这件事刚刚才结束。她继续说道："幸亏店家也及时出面调停，没有让事态变得更糟。我是硬拽着，才把朋友拽到了店外。"

我摇摇头，感慨道："为了一碗拉面，险些闹出事，你这朋友行事骄横，将来难免吃亏。"

苗苗点点头，说："我劝她了，但没用，反而还怪我不帮她。

所以，我和她昨天就分道扬镳了。交朋友，我虽不是太挑剔之人，但正直善良、宽厚有礼，一样都不能少。比如……"说着，她举起手指就朝我点过来。

我故意绕开，打趣道："比如谁呀？"

她一把揽住我的手臂，哈哈大笑道："比如你呀！记得有次你让我帮忙打印一份文件，我因为来例假肚子痛，心情很不好，说话就冲了点。可你却十分贴心地给我端来一杯红糖水，还送给我一个暖宝宝。当时我好感动呀！即刻就用电焊丝把你焊我心里了。"

如果有一天，你发现身边的人无趣、毒舌、自私、狭隘，建议你果断与之拉开距离。不要让性格偏执的人拉低你的生活质量，给你制造太多情绪垃圾。

真正值得结交的好友，往往可遇不可求。只有灵魂与你相似的人，才能懂得你的言外之意，理解你的山河万里，欣赏你的与众不同。所以有的人宁愿享受孤独，也不愿随便拉一个人走进自己的生活。

我一直觉得，好的友谊就是和朋友在一起时，你说什么，她都能快乐地接住，并把喜悦反馈给你。

比如你们一起出去旅行，你可以大方地说："咱们这次ＡＡ制吧，我现在穷啊！"而她则大笑着说："可以啊，饿了咱就喝点西北风吧，我也很穷啊！"

……

和不需要的物和人说再见，让你的生活和朋友都简单一点，这样你才有时间陪着生命里真正重要的人，一起捡拾落在路上的月光。

第四章

人生除了自己，
都是配角

春风十里，
不如悦己

01

姨家表弟成婚的那日，出门时，我见妈妈穿的是平日里常穿的短开衫、阔腿裤和小布鞋，便问她："妈，你怎么没换上我爸给你新买的大衣和短靴？"

妈妈随口说："早上试了试，感觉挺别扭的，就算了。"

我打趣爸爸："爸你眼光不行呀！没买到我妈心坎儿里去。"

爸爸一副受了委屈的样子，说："跟我可没关系，我只管掏钱，买不买还不是你妈说了算？你是没看见，那老板都快把你妈夸成仙女了，你妈乐呵的，就算身上披的是一圈鸡毛，也得买下来。"

妈妈又气又好笑地说："你不是也说好看吗？"

爸爸一脸无辜地说："是不难看呀！那也得看你喜不喜欢呀？"

妈妈想了想，说："哎呀！那还有几个买衣服的姐姐也都说好看，就买了呗。"

我更加不解地问："那你为什么不穿呢？不就是为了去参加婚礼才买的衣服吗？"

妈妈叹口气，说："试的时候是觉得挺不错的，可拿回来再穿，就浑身不得劲儿。我穿惯了松松散散的衣服，这突然板板正正的，有点不适应。"

花钱买罪受这种事，在你我的生活中屡见不鲜。

你想吃糖醋鱼，朋友极力推荐水煮鱼，说水煮鱼麻辣鲜香，滑溜嫩口。朋友说得激动，而你听得心动，便改了主意。但酒足饭饱之后，你还是会因为没能吃到糖醋鱼而觉得美中不足。

平日里，你穿惯了运动鞋，闺蜜说你穿高跟鞋的样子优雅又知性。所以，你也想改变一下，便把目光挪到了高跟鞋上。可是，往后几日用脚掌走路的日子太遭罪了。

攒了几天的脏衣服和鞋子要在周末洗，但朋友一声吆喝："别洗了，我带你去嗨呀！"盛情难却，就去吧！结果，周一只能扒拉出几件陈年旧衣穿了。

为什么钱花了，最后却没一件称心如意的事呢？

因为水煮鱼是你朋友爱吃的；

因为高跟鞋是你闺蜜的风格；

因为你把安排好的时间都借给朋友解闷了。

因为你花钱买的是别人想要的，而不是你想要的。因为别人之念而动，所得非所爱，也并非适合自己的，又怎么会如意呢？

有时候，别人觉得好的东西，也许真的好，但未必是你想要的。那么对你而言，这件东西就不重要。

朋友带女儿出去玩，给女儿买冰激凌的时候，她问孩子："你要什么味道的冰激凌？"

孩子说："我要草莓味的。"

朋友觉得孩子应该多尝试些口味，不能什么都要草莓味的，于是说："你试试抹茶味的吧？很好吃的，妈妈就特别喜欢。"

孩子噘起嘴巴抗议道："你喜欢又不代表我喜欢，我就要草莓味的。"

朋友当时就愣住了。她想，也对呀！我喜欢抹茶味的，女儿喜欢草莓味的，我为什么要勉强孩子接受我喜欢的味道呢？

朋友赶忙趁机夸夸孩子："你特别棒，没有因为妈妈说抹茶味好，就放弃最爱的草莓味。"

"我不要你喜欢的，我只要我喜欢的"，就连小孩子都明白的道理，我们做大人的反倒经常想不明白，太令人汗颜了。

我们一生忙碌，皆为有所得，而所得往往并不多。所以，在举目无四海，只有脚下路的日子里，要多为自己花花心思。

一眼就相中的碎花裙子，试着不错就带回家吧；偶尔吃一次念了许久的快餐，也不会对身体健康有多大损害；与其总盯着手机里的猫傻笑，不如带一只奶声奶气的小狸花回家。

生活的题，大多数是多选题，所以脑瓜灵活点，要多向着点自己，学会给自己的生活多安排点可口的，学会在无伤大雅的小事上多满足自己。

02

与人相交，总会遇到几个自私的家伙，偶尔对你提出一些无理的要求。对于这种人，我建议不用过多理会，直接拒绝就是最好的回答。

午休时间，几个同事摩拳擦掌，紧紧盯着一位网红大主播的直播间，准备抢一套限量版的口红套装，三支口红才九十九元，实在太划算了。随着主播一声"上架"，每个人都在狠戳屏幕，不幸的是狼多肉少，幸运的是苗苗居然抢到了。

苗苗摇晃着订单向我炫耀，我笑着说："你就嘚瑟吧，小心招黑。"

苗苗哼一声："就你乌鸦嘴。"

她刚说完，就有一位同事笑嘻嘻地对她说："苗苗，你也太幸运了,我手都快把屏幕戳烂了,也没抢到。"

苗苗笑道:"嗯!运气是不错。"

同事转而换了个谄媚的语气:"你人美心善的,到时候匀我一个呗?"

苗苗为难地说:"这三个色号刚好都是我喜欢的,我可舍不得。"

同事还想软磨硬泡,说:"哎呀!别这么小气嘛!改天请你吃饭!"

苗苗眉毛一挑,说:"我今天特别想吃花雕鱼,不贵,才三百八一份。"

同事尴尬地笑了笑,拿起一摞文件就溜了。

我在一旁看得想笑又不敢笑,问她:"什么是花雕鱼?还三百八一份?"

苗苗笑道:"花雕鱼?那是什么东西?我见过吗?要不改天咱买条鲤鱼,雕雕?"

哈哈哈……

这个女人,总能在平凡的日子里给人制造点儿小乐趣。

不过,苗苗的做法我是很赞同的。不想答应别人的要求,那干脆点,直接拒绝。有时候你以为拒绝很难,但答应或不答应,都是对方心里早就预设好的答案。重点不是他想听什么,而是你想说什么。如果你说"不"会让自己更痛快,那就说"不"。不要觉得有所亏欠，更不要傻乎乎地一直道歉，觉得不好意思。你又不欠对方什么，做顺应本心的事，对你而言，就是正确的事。

人嘛，就得活得有点儿魄力，给足自己底气，愉悦自己的生活。

不过，若有人因被拒绝，就与你心生嫌隙，千万别想着去求和。

我一直觉得，像女孩子这么美好的生物，就应该多做些让自己的人生变得更幸福、更健康、更丰满的事情。比如，在傍晚的时候，掬一束夕阳的光，填进心里；或者在周末的时候，把时间都留给自己。

朋友的男友要去国外进修，这一去就是两年。以前，我常听别人说，异地恋是所有爱情的试炼场，能熬过去的都是凤毛麟角。长则半年，短则一个月，必会分手，不是他觉得烦了，就是她觉得淡了。但我的这位朋友，虽没有在爱情上做什么增鲜，却让男友爱她爱得欲罢不能。

我的这位朋友，身高一米七，却是一位超级可爱的姑娘。她的朋友圈没有工作，没有负能量，更没有对生活的不满。只有浪漫的树叶、可爱的蚂蚁、大朵的白云和一切让人愉悦的东西。

一张小蜗牛在叶子上慢慢爬的照片，她配文说："不着急，不着急，等你爬到顶端，太阳才刚刚升起。"

一张狗狗打碎花盆的照片，她配文说："狗狗不要内疚，我会给花花安个新家。花花啊，你就原谅它吧！"

一张被关在笼子里的小白兔照片，她配文说："抱歉，不能带你回家，但你一定会遇到一个特别好的主人。"

她每天可可爱爱的，简直是把生活过成了童话故事。如果你以为这就是她的日常，那就错了。每到周末的时候，她都会去羽毛球馆，打上一两个小时的羽毛球，然后去练一会儿跆拳道，再去学一小时古筝。

有一次，她给我发来一曲古筝版的《笑傲江湖》，弹得有模有样。

我对她说："你还能把自己的生活安排得更紧凑点儿吗？是不是都没时间跟你男朋友通电话了？"

她却说："这才哪儿到哪儿呀？我想做的事情还多着呢。我这一生这么宝贵，当然想物尽其用，事尽其美。至于我男朋友嘛，我跟他说了，我平时很忙的，如果他想我了，就主动点给我打电话。我愿意接听他的每一通电话，但除此之外的所有时间都是我的，我只想做一些我认为有意义的事。"

男朋友固然重要，但既然他不在身边，也没必要时刻挂念，日日联系。我相信，如果他也是一个优秀的人，一定也很想看到一个努力向上的你，一个有独立生活的你，一个可以在静默的时光里依然发光发热的你。

那些令人念念不忘的女孩，一般并不一定长得有多漂亮，但一定是懂得自尊自爱、自我珍惜的姑娘。

有时，我会忍不住对那些不问时间深浅，只在自己的世界里修篱种菊的姑娘生出爱慕之心。我喜欢她们的爱自己胜过爱别人，喜欢她们的善良且有锋芒，喜欢她们为了更好地成全自己而付诸的行动。

我曾在视频中看到一个没有上过高中的姑娘，退出了所有的圈子，花一年时间刷了两千多道数学题，背下了四千多个英语单词。因为她想要考大学，虽然参加的是成人考，身边人都在说"没必要这么拼"，但她自己清楚，她一定要过了这一关，将来她还要读研究生或者去专业机构进修。现在的她，满心满眼都是为自己的将来拼命。

因为在社会上摸爬滚打了几年，她吃够了人情冷暖，看多了世态炎凉，而夜晚的灯却没有一盏是为她点亮的。她终于明白，与其等待别人去爱，不如自爱，万千灯火再璀璨，也不如自己有能力照亮生活里的暗角。

往事已不堪回首，她说："慢慢才知道，你想拥护什么，都不如拥护自己来得更实际。"

美好的生活，美丽的人生，本就没有想象中那么难，只需要重新给生活排列一下顺序，将自己视如珍宝。遇到难过的关卡，试着把自己的悲喜、想法往前排一排，那些想不通、理不顺的，自然就通顺了。你若不信,不妨试试看。

我想,当你调整好状态,开始珍重自己时,万千美丽都会是你的。

最后,望你余生所行,皆你所愿;余生所得,皆为自获。

记住,春风十里,不如悦己。

人生除了自己，
都是配角

～～～

01

奶奶说，他们那一辈，大多数人都不知道自己为什么活着。

她记得有一个老姐妹，从五岁起就跟着父母去地里干农活。等到了上学的年纪，父母说女孩儿上学没用，早晚要嫁人的，不如多给家里干点活。老姐妹虽然羡慕那些读书的同龄人，但父母的话又不能不听，于是就断了读书的念头。

等这个老姐妹十八岁的时候，父母就给她安排了换亲。什么是换亲呢？那是那个时代最大的悲哀。就是如果两家穷人家，家里都有儿有女，儿子又都娶不上媳妇的，就将家里的女娃嫁到对方家里去，这样两家就都有了儿媳妇。

奶奶说，那个老姐妹一开始很害怕，但父母告诉她，将来嫁给谁都一样，如果能给哥哥换个媳妇回来，就算对家里有功了。于是，她就听从父母安排，嫁给了那个素未谋面的男人。

婚后，丈夫见她又矮又黑，特别不喜欢，叮嘱最多的话就是让她多生孩子。她这辈子一共诞下了四男两女，生老五的时候难产，险些一尸两命。

奶奶记得有一次和她坐在村头的大榆树下闲聊时，她说："人活着有嘛意思啊？一眼就望到头了。"

我对奶奶说："这不就是典型的在家从父，出嫁从夫吗？"

奶奶叹了口气说，那时候的女子大多是没主心骨的，嫁鸡随鸡，嫁狗随狗就是对婚姻的认知。那个老姐妹任劳任怨了四十多年，虽然心有怨气，但也沉默了一辈子。到离世的时候，还在念叨着家里的牛没喂，老伴儿该生气了。

奶奶说着老姐妹的事，似乎也是在说她自己。她的这一生，同样是在别人的安排下度过的。出嫁前听父母的，父母让往东她不会往西，父母让做什么她去做就对了，就连嫁给什么样的人，都是父母看好了之后直接定下的，她根本没有选择的余地。结婚后，她开始学着别人的样子去相夫教子，去孝敬公婆，一辈子都在围着别人转。

我问奶奶："如果让你重活一次，你可有什么为自己打算的想法？"

奶奶望向远方，好像在想象重生后的另一个世界，可想了半天，她却说："能怎么办呢？人的命都是老天爷安排好的。"

我摇摇头，说："不是这样的，现在的年轻人都在说'我命由我不由天'，虽然免不了会有那么一段随波逐流的日子，但总有一天会清醒过来，明白自己的人生应该由自己掌握，与他人无关，哪怕是父母，也无关。"

虽然儿时你很依赖父母，或父母本来就对你有强烈的控制欲，但长大之后，你必须要有能力挣脱对父母的依赖或父母对你的控制。你要用温和的方式让父母明白，你已经成年了，往后余生若有想走的路，他们可以提意见，但绝不能再出手干预。

闺蜜提起她的同事佳佳时，说："你要是见到她，要用'士别三日，当刮目相看'来形容才贴切。"

想当初，佳佳买副耳环都会遭到妈妈的斥责，什么都得父母说了算，如今她竟有办法让父母不再干预自己的人生大事。

从一年前起，佳佳的妈妈就一直安排她相亲。但父母不知道的是，佳佳对婚姻并不向往，她早就想好了，这辈子要一个人过。

佳佳的妈妈是一个很执拗的人，从小到大，佳佳不知与她抗衡了多少次。但每次看妈妈伤心落泪，佳佳都会因为内疚而服软妥协。所以，佳佳知道凡事不能与妈妈硬来，要顺着她的"好意"用"过桥梯"。

只要是给她介绍的相亲对象，佳佳都会去见，但每次见过之后，她都会向妈妈吐槽，不是觉得对方人品差，就是觉得对方能力不足没前途，甚至说对方一定是妈宝男，若成了，得受半辈子的婆家气。

后来，妈妈终于起了疑心。

"你是不是不想结婚？怎么每次给你介绍对象，都是人家的问题？"

"结婚是大事，我不想随便找个人。"

妈妈又给她发过去一张照片，说："我已经帮你打听过了，这小伙子是个海归，目前在一家大公司任职部门总监，能力强，人品好，也不是妈宝男，肯定能让你满意。"

佳佳欣然答应。等她赴约后，发现对方确实条件很不错，个子很高，彬彬有礼的，模样帅气，收入也不错，但是她并不想因此就草草决定。

所以她先向对方表示歉意，然后表明了自己的态度，在得到对方谅解后，便请对方帮了个小忙，让他直接跟中间人说他们并不合适。这次相亲因为是男方提出不合适，所以也顺利摆脱了妈妈之前的猜忌。

虽然佳佳知道这样做有点辜负妈妈的美意，但这是唯一不伤害她们母女感情的办法。

一年后，妈妈终于泄气了，说："你自己的事你自己看着办吧，我也懒得管了。"

佳佳内心狂喜，表面却做出一定好好去找自己的真命天子的表情。

我对闺蜜说："这也不是长久之计，早晚有一天她的妈妈还会为此事与她周旋。"

闺蜜说："佳佳也明白，但事情总要一步一步来。毕竟她的人生，才刚刚由她自己主导。"

父母之于我们的人生，是两个很重要的角色，没有他们就不会有我们。但当你长大后，站在属于你的人生舞台上时，你要清楚，他们辅助你成长的任务已经完成了，你终究要成为你自己，你的人生由自己做主。

你在自己的人生舞台上，既是掌控全场的导演，也是握着大女主戏份的主角，那些台上的舞伴都是配角，敲锣打鼓的是来给你伴奏的，而台下的观众也只是来给你捧场的。你要做的，就是把自己想演的戏演好，不必考虑其他人是怎么想的，你只需要演出独属于自己的风格就好了，哪怕与大多数人想看的演出不一样也没关系。

朋友圈里有位女生，与男友到了谈婚论嫁的时候，她直接对父母说，他们的婚事要一切从简，不要订酒店办婚礼，两家人坐在一起热热闹闹地吃顿饭就行了。

除了三金，她只象征性地要了一点彩礼，因为她知道男友正在创业，拿不出太多现金。

父母对女儿私自做的决定很不满意，他们认为婚礼是脸面，彩礼是尊严，若就这么把女儿草草嫁了，外面的亲戚朋友不知要怎么议论他们这做父母的，恐怕要笑话他们一辈子。再说了，这么草率地嫁过去，万一婆家因此不珍惜你，怎么办？

她却对父母说："我有我的想法，而且我清楚自己在做什么以及为什么要这么做。我不是一时头脑发热，而是深思熟虑的结果。婚礼就算大办特办，万一将来离婚了不一样会被人说三道四吗？那些彩礼就当给我们俩创业投资了，没必要来回倒腾。脸面、尊严这些，将来我会给你们挣回来，但绝不是在我的婚事上。"

三年后，她的丈夫创业已小有收益，春节回娘家直接给老丈人买了一辆车开回去，虽然不是多贵的车，却也着实让父母在街坊邻居面前长了脸。

我一直认为，有主心骨的人，一般人生都不会太差。

不要总是按照上一辈人的生活方式去定义自己的生活，别一直被父母的意志左右，更不要随波逐流。

做任何选择或决定之前，都请你停下来问一问自己："我内心更想要什么结果，我该怎么做才更符合自己的人生规划呢？"

若你的答案打破了常规，那就干脆不走寻常路吧，毕竟你才是你人生的主角。

02

虽然我们只是普通人，过的也是普通的生活，但也要好好规划一下自己的人生，哪怕规划得稍微有点"离经叛道"，也好过被世俗规矩像赶羊群一样赶向同一个目的地。

说起"单身"这个词，我记得以前有种说法是"单身贵族"，如今在有些人眼里，却变成了被人嘲笑的"单身狗"。

在很多父母眼里，孩子到了适婚年龄，却迟迟不找对象不结婚，就是一件令自己蒙羞的事，让他们在亲戚朋友面前抬不起头。每当听到街坊邻居谈起儿女婚后的生活，自己也觉脸上无光。

"女婿明天来看我，给我买了个按摩椅，你说这孩子，就是爱乱花钱。"

"你找了个好女婿呗！"

"可不，我那小外孙天天给我打视频，一个劲儿说等暑假了就来姥爷家玩。哈哈！小调皮一个。对了，你女儿有对象了没？都快三十了吧？要催她呀！姑娘家不能一直拖着，拖不起的。"

唉！家中有个"大龄剩女"的父母，每每遇到朋友邻居炫耀女婿或外孙，无不如万箭穿心，就好像女儿不嫁人就是犯了什么大罪一样。然后就是接连不断的电话轰炸女儿："有合适的没？要不让你大姨给你介绍几个？你都多大了怎么还不着急？工作再重要也没你的终身大事重要,你就听一次劝行不行?"

不用怀疑,这个被数落的女儿就是我。

我不是不婚主义,但也不觉得人这一辈子必须结婚不可。我很享受现在单身的时光,所以也没有着急找对象。

有次妈妈做了个微创小手术,我全程跟在身边,等医生查完房走后,妈妈说:"那个小伙子人不错,还是主治大夫,重要的是他现在还单身,要不要妈妈给你要个电话?"

我险些掐着人中自救,赶紧跟妈妈说:"打住,你胃不疼了是吧?都这个时候,就别操心我的事了,我心里有谱。"

妈妈生气地说道:"有谱有谱,你倒是给我谱个看看呀?你都多大年纪了,想当初我在你这个年纪时,你都已经自己去打酱油了。"

我想起朋友跟我说过的话:"你这么优秀,怎么还单身?是不是眼光太高了?"

听他们的语气,好像单身是一件让人同情的事,好像单身就等同于性格孤僻,有心理问题,或者高不成低不就。

但是,在我的人生规划中,三十五岁之前,如果还没遇到合适的人,我就只想一个人生活。我很清楚,结婚后会让人失去一部分自由,也要担起一部分责任,当然可能也会收获一份幸福。所以,我并不是逃避婚姻,但我的人生不需要外界定义,什么时候找什么人过一辈子，得由我说了算。

我曾读到萧伯纳的一句话，他说，想结婚的就去结婚，想单身的就维持单身，反正到最后你们都会后悔。

我觉得他说得很对，有谁能保证结婚生子就能幸福一生，又有谁能保证单身到白发苍苍就一定不快乐呢？一切皆有可能。

所以我想，在人生大事上，你若有什么不同于常人的想法，不用纠结，你是对的。

老人们常说，到了什么年龄就要做什么事情。二十五六岁的时候就应该谈恋爱了，二十七八岁的时候该结婚了，三十岁之前就该要第一胎了，两三年后就该要第二胎了……总之，到了什么年龄段，就该去做这个年龄段应该做的事。

不知道你是不是这么认为的，反正我非常不认同这个观点。

大多数人可能认为，人生说到底就一个固定的剧本，出生、长大、工作、结婚生子、退休、照顾孙子，最后被一捧黄土埋到地下。

但是在我眼里，人生的剧本是多种多样的。

可以只拼事业，不要婚姻，单身一辈子；

可以结婚，但婚后不一定要孩子；

可以只要一个孩子，也可以要两三个孩子；

结了婚的，如果婚姻让你感到痛苦，那就恢复单身；

单身久了的,如果觉得一个人还是太过孤单,那就选个合适的人结婚;

追求生活而非事业的,想回老家过最简单的生活的,那就回老家……

总之,人生是你自己的,只要你不违反国家法律法规,不对其他人造成不良影响,问心无愧,心里舒坦,这个剧本,你怎么拍都可以。

能伤害你的，
往往是自己的想不开

01

我和几个朋友去欢乐谷玩，里面有很多超刺激的游戏项目，体验的时候，大家无不大喊大叫。可慢慢地，我发现随着朋友一起来的一个姑娘特别奇怪，不管我们玩多刺激的游戏，她全程都紧绷着，不发一言。

比如玩三百六十度的空中转轮时，我被吓得嗷嗷大叫，她却安静得像没事人一样，可结束的时候，她一副想站又站不起来的样子，肯定也被吓得不轻。

我过去搀扶她的时候，问道："你吓得双腿都软了，怎么也没听到你喊呀？"

她不好意思地说："你看下面全是人，我怕被人笑话。"

"哎呀！想那么多干吗？没人笑话你。玩这种项目，就是要大喊大叫才过瘾。你看你被吓得脸色都不太好了，要是害怕可以不玩的。"

原以为她会趁机说那你们玩我就不玩了，不承想她却说了个让我很不理解的答案。她担心大家觉得她不合群，出来玩还扭扭捏捏的，免不了被人说矫情。

这是宁愿让自己忍着憋着，打碎了牙往肚子里吞，也绝不落一丁点儿的笑柄给别人呀！

虽然她顾忌的不是没有道理，但让自己活得这么拧巴，也太想不开了。

若换作是我，我肯定直接找个椅子坐下歇着了。

在我看来，只要行得端坐得正，不去伤害或影响别人，就不用管会不会被人议论或笑话。我若不想坐过山车，谁也别想把我架上去。至于旁人是怎么看我的，不重要！

玩鬼屋探险的时候，我一惊一乍的样子把身后的小朋友也吓得不轻。不过出来后大家立刻就分道扬镳了，谁还记得谁呢？

在游乐场，玩的就是刺激和心跳，来这里玩就是放松的。若一直紧绷心弦，心事重重，那还不如躺在家里看电视。

玩的时候就放开了玩，需要停下来的时候再做回那个安静的自己，懂得收放自如的人，才能把自己的生活和人际关系经营得顺风顺水。

况且，有时候你过度在意的事，本身伤害性并不大，只是你过度解读了而已。

后来听朋友说，那个女孩在公司的时候也经常闷闷不乐的。领导说她几句，她就要揣摩好几天，总觉得领导是在怀疑她的能力，或者在找自己的茬儿；同事调侃她几句，她也能坐在工位上郁闷好长一段时间。

有一次，一位同事让她帮忙送个文件，她正低头工作没反应过来。那位同事就抽手拿回了文件，说："算了！我自己去吧。"

她立马就坐立不安了，心想是不是没立刻回答，惹得同事不高兴了？怎么办？要不要买杯奶茶哄哄人家？

大家表示，和她这样的人无论是做同事还是做朋友，都太累了。不知道哪句话没说对，就又让她胡思乱想了。所以，同事们在平日里都会刻意与她保持一定的距离。

如果听别人说了你两句，就如临大敌，整天吃不下饭睡不着觉，那得多脆弱呀？

你工作认真努力，偶尔出错，这是无法避免的，领导说几句，你有则改之无则加勉就是了。与同事相处，要学会相互理解与包容，你忙于工作没时间帮忙，解释一下就好了，不必想那么多。

与人交谈时，表达流畅，口齿清楚，知道什么该说，什么不该说，就可以了。如果还有人对你各种刁难，那就是他的问题而不是你的问题了。

所以，你本身就很好，真的！而你也一定要觉得自己很好，这样那些想不开的事，才容易想得开；那些本不需要计较的事，才不会一直影响你的情绪。

当然，生活中有时候会有遇到一些PUA（情感操控）你的人，这些人是有目的性的，想通过打压你，对你进行精神控制。

一个朋友和谈了两个月的男友分了，分手的原因是那个男人竟当面问她谈过几次恋爱。朋友不疑有他，便实话实说："算上和你，三次。"

那个男人一副若有所思的神情，说："这么说，我是你第三个了？"

朋友皱了皱眉，问他："你想说什么？"

那个男人一副无所谓的表情，说："没事，现在女孩不都这样么，感情丰富。放心，我不在意这些，就是问问而已。"

朋友将手机放进包里，一甩便背到了肩上，起身说："原来你不是姐的菜，真是浪费我的时间。"说完，便扭头走了。

我打趣她说："若换作别人，可能要骂他几句才解气。"

朋友却不在乎地说："我也想骂来着，但得把架子端足了不是？骂就降低档次了，对付这种人，就得不屑一顾，才能让他明白，他也不过如此。"

我笑道："你呀！总是活得这么自信，看来没人能伤你半分。"

朋友正色道："那是我心大，不把那些虚名强加于身。当然，那些东西本来就是累赘，姐这辈子只想怎么轻松怎么来。"

有很多姑娘在谈恋爱的时候，会无声无息地落入男友制造的精神控场区。

如果男朋友对你说："瞧你这傻姑娘，除了我，恐怕没有谁会对你这么好了。"请你一定要警惕！你以为这是他在告白，是在宠你，可实际上这句话在你心里形成的暗示是：是啊！没人会像他一样这么爱我了，我不能没有他。

而事实是，你的父母很爱你，你的知心好友会心疼你，你的闺蜜会挺你，你身边多的是真心待你的人，从来都不是只有他一个。

所以，有些话听听就好，不要为了这些话爱得死去活来，非他不可。你可以为爱而感动，可以好好爱一个人，但不能对自己的人生价值失去判断力。

02

有一次，我和读大一的堂妹彻夜长谈，聊了很多。

她说起自己那阵子的状态，觉得很沮丧，感觉做什么都做得一塌糊涂。

校庆时要报名节目，但她五音不全，肢体不协调，除了读书学习，一件拿得出手的才艺也没有；

在一次辩论赛上，她凭一己之力拉低了整个团队的评分，被人

嘲笑是本届的新型人才"三呃",因为每次轮到她辩论的时候她都会不停地"呃……呃……呃……";

每次进行小组讨论的时候,身边的同学好点子不断,只有她一点想法都没有,从未得到过导师的夸赞;

同宿舍的女孩都收到过情书或被直接表白过,她却暗淡得像泥潭里的蛤蜊,没有异性理睬。

……

总之,这些林林总总的经历,让她充满了挫败感,觉得自己怎么就这么普通呢?好像遇到的每个人都有十八般武艺,只有她没有任何特长,像个只会吃瓜的路人。

其实堂妹并不是像她说的那么不堪,她虽成长于小县城,但在读大学之前,她在自己的圈子里是很优秀的。成绩在全校排列前十,每次演讲也能获奖,她是老师眼里的学霸,是父母眼中的骄傲。而且,她在高中可没少收到男孩子写的情书。

但是,当她来到一座更大的城市后,她才发现比她优秀、漂亮、有绝对实力的人太多了。而大学开放式的教育让她不断在更强大的人面前受挫。

所以她才觉得自己能力匮乏,处处不如别人,仿佛曾经镀在自己身上的金都是粉做的,随便一阵风就都吹走了,她只是一个普通得不能再普通的人。

堂妹说:"觉得自己太失败了,感觉之前的十八年都白活了。"

一时间，我想不出该怎么安慰她。其实，我也曾经历过那样一段因为自己的平凡而苦恼万分，甚至怀疑人生的阶段。

我是怎么走出来的呢？就是承认了自己的普通吧！

其实，能承认自己普通是一件非常勇敢的事情。大多数人这一生，需要经历三个承认普通的过程：一是承认自己的父母很普通；二是承认自己很普通；三是承认自己的孩子很普通。人要是承认了这三点，不说会活得很通透吧，至少烦恼会少很多。

于是，我对堂妹说："当我们从一个舒适的圈子跳到另外一个大圈子后，一定会遇到很多比自己强大的人。但慢慢地你就明白了，平凡才是常态。所以，先接受自己的普通，然后拼尽全力与众不同。退一万步说，就算你一直很普通，那普普通通的你也值得被万般宠爱。"

前几年一直有人喊："你要么出众，要么出局。"我是不认同这句话的，因为他忘记了大多数人都是平凡的普通人。

不过，要承认自己普通，的确不是一件容易的事。

毕竟，一开始的时候，我也不愿意接受自己的普通。因为接受这个，就等于是在承认自己比别人差。

刚参加工作的时候，我经常出现反应迟钝、慢半拍的情况，这直接导致我要用比常人更多的时间去理解和完成工作。

为此我还被同事嘲笑过，如，"你还能再慢点儿吗？""要不你加加班吧，不然明天主编要请你喝茶了。"

那时，我常自我怀疑，觉得自己太差劲了，怎么脑子就是转不过来呢？

我这人性子倔，越是让我感到为难的事，我越想抓紧时间摆平。所以，我一直在找能让自己变得灵活、聪明的方法。

当然，我也为此伪装过，假装自己已经有了突破，但实际上是我回家后偷偷加班的结果。

说实话，那段时间我生活得太痛苦了，一直在为了让自己摆脱普通而逼迫自己加班、熬夜，甚至有一次熬到了凌晨三点，险些把自己送进医院。

后来，我看到一位博主说："知道吗？高中三年，我每天只睡五个小时，中午都在教室吃饭，但高考还是失利了，可这也让我明白了，我就是一个普通的女孩，不是靠拼命就能一跃登顶的。所以，我总是告诫自己，往后有多大能力就使多大力气，毕竟我太普通了，凡事尽力就好，即使达不到优秀，可能也没有得到自己想要的，但只要努力了，也算对得起自己。"

是啊！承认自己不是个牛人而已，然后有多大劲就使多大劲，问心无愧就够了。虽然不能像那些优秀的人一样取得耀眼的成就，但我们也在慢慢进步，逐步提升。总归今天的自己比昨天的自己强，就可以了。

我的一位老同学说，她做了一个大胆的决定，准备回老家去，找个轻松点的工作，能养活自己，能照顾父母就好。她说在外打拼十几年，依然只是个小职员，不想再钻牛角尖了，自己不是大城市里的砖，没有别人那么能干。所以，她打算回去，在一方小天地里过普通的生活。

平凡不代表平庸，只要你还在努力，还在尽自己所能让自己变得更好，不辜负自己，不将就生活，你就依然是那个值得令人敬佩的勇士。

找不到答案的时候
就找自己

01

点开一档情感解惑类的节目直播。访客席上的女士年龄不大,却满面愁容,还有点焦躁。

原来,不久前她发现丈夫一直在偷偷和一个女人聊天,聊天内容不仅暧昧,有时还有些露骨。更令她气愤的是,他们竟以"老公""老婆"的方式互称。

她为什么会看到这些内容呢?因为丈夫在临睡前,忘记退出电脑上的微信程序了。等她关电脑时,恰好看到有个叫"同事小李"的信息在闪烁,她怕错过重要的事,便点开看了一下。发白的屏幕上,赫然出现几个小字,像炮弹一般炸在她眼前:"老公,我也会想你的,晚安!"

她愣在屏幕前，像个傻子一样，脑海里一片空白。然后发了疯似的来到卧室，抄起枕头就朝床上的丈夫砸去，她哭着质问他，为什么要背叛她，是不是不想过了。

丈夫马上明白自己"东窗事发"了，认错态度倒是极好，马上说他只有精神出轨，绝对没有做别的事，并立马删除了那个"同事小李"，并保证今后不会再犯。

但从那以后，她就变得很敏感，只要丈夫对着手机笑，她就会立刻夺过手机查看，每天像审犯人一样审问他的行程，两个人的关系也越来越紧张。只要丈夫说话的语气不对，或没有及时回复她的信息，都会激起她心底的怒火。

她对情感导师说："我不知道自己该怎么办了，觉得自己快抑郁了。"

情感导师问："那你想问什么呢？"

她说："我想问您，我们还能继续走下去吗？这日子还有过下去的必要吗？"

情感导师没有立刻回答她的问题，而是写了一张卡片。卡片上写着：恢复单身吧！你还可以遇到一个更好的。

情感导师说："你现在过来拿走这张卡片，我们现场就有律师，会立刻帮你起草离婚协议。"

可是她并没有过去，似乎在自我挣扎，想站起来，但最终又没有站起来。她抱着头说："我不知道该怎么办。"

导师默数了五秒后，把卡片撕碎丢在了垃圾桶里，笑着说：

"你看,你心里不是已经有答案了吗?你没过来,已经说明了一切。"

每当我们遇到困惑的、难以解答的问题时,总想找个人帮我们解答。可是,你有没有发现一个奇怪的现象?就是别人说的答案,往往并不是你想要的,听多了反而更加困惑。

因为,答案早就在你心里了,你只是想找个人帮你确定一下。但别人往往猜不透你的心思,说的话也是从他个人的角度出发。所以,你越找人询问,心越乱,越觉得心里的那个答案是不是错了。

最后,情感导师告诉她:"不要被别人的言论左右,你应该听说过,男人一次不忠就会百次不忠,而事实并非如此。你既然愿意给他一次机会,就该再信任他一次。若你依然不知道该如何面对他,不妨再问问自己,为什么非他不可?"

任何事,只有自己问问自己,搞清楚了内心的真实想法,才能一往无前,知道自己最该做的是什么。

朋友约我出去玩,到中午的时候,我们停在一条小吃街前,朋友问:"想吃什么?今天咱们敞开了吃!"

我看着琳琅满目的牌子,真的不知道该进哪家小吃店,于是摊手说道:"太眼花缭乱了,不知道吃什么好,你觉得呢?"

朋友大手一挥,说:"螺蛳粉吧!我之前吃的都是在直播间买的袋装的,还没尝过现做的螺蛳粉好不好吃呢!"

于是我们二人便进了一家写着"正宗柳州螺蛳粉"的小店。

酒足饭饱后,我们便沿着小吃街继续前行。忽然一个"九宫格小火锅"的招牌映入我的眼帘,店里传出来的滋滋香气令我口水直流。

朋友见状,说道:"要不咱们进去看看?"

我摇摇头:"还是不去了,已经很饱了,等有机会再来吧!"

如果我能在不知道吃什么的时候多考虑一下,就该知道内心的想法是:刚进小吃街时看到的这些都不是我想吃的,我应该继续向前看一看再决定,这样就不会错过小火锅了。

很多时候,面对问题,明明心里已有答案,却总是被我们忽略或直接无视,过后再后悔也已经无济于事了。

02

有段时间,因父亲身体不好,我在老家待了一阵子。其间,我遇到了儿时的玩伴小宋,如今她已经是两个孩子的妈妈了。

我们俩坐在一起聊了很多,她现在的生活很悠闲,就是在家看着孩子,种种花草,偶尔一家人出去旅旅游。没想到她年纪轻轻的就已经提前过上了退休般的生活。

说着说着,我们就说起孩子的教育问题和买房子的事情。

我问她:"你家老大马上要上一年级了吧?是不是到时候要去

城里买房？"

她很坦然地说："没打算在外面买房子，我觉得在咱们老家生活就很好。而且老家的孩子现在特别少，一个班才十几个，老师都能照顾得到，我觉得挺好的。"

我以前就听说，小宋的丈夫很能干，仅仅用了四五年就靠搞种植挣了不下百万。现在的年轻人经常是手里没什么钱也会到处借钱贷款买房，像她手里这么宽裕却不打算买房的，倒是很少见。

"别人挤破头也想把孩子送进条件更好的学校，有你这种想法的可不多。"

她似乎想起了很多事，说道："我以前动过买房的心思，身边的朋友常跟我说赶紧买房吧，在外面的生活质量更高些。说你得为孩子想，大城市长大的孩子跟小地方长大的孩子，从气质上就不一样。我想，他们说的都对，于是就跟丈夫提议买套房子。你知道吗？第一天我们就相中了一套，就等着第二天全款买下了。"

我对房子也是有执念的，从成年后，我就特别想要一个属于自己的小窝，不是父母的，不是租的，而是一个写着自己名字的家。除了觉得房子能满足我的安全感和尊严以外，它还体现着我独立自主的价值，让我不必为了找个栖身之所而随便嫁了。

所以，在买房这件事上，我早就找到了答案，不是别人给的，是我的心从一开始就告诉我的。

很多人觉得，我是一个姑娘，不必买房，父母也劝过我不必给自己那么大压力。但,这是我心之所向。为此,我一直在努力挣钱,想尽办法提升自己的赚钱能力,好实现买房的目标。

你看,人一旦有了自己认可的事情,做什么都会有方向,做什么也会有干劲儿。

但我想,小宋内心认可的事一定与我是不同的。

果然她继续说道:"买房的头一天晚上我就睡不着了。我不停地问自己,真的要买房吗?我真的需要那套房子吗?如果买了,这几年辛苦挣的钱一下就全用了。如今我是全职宝妈,家里只有老公一个劳动力,往后的生活还能像现在这般轻松吗?过两年孩子若想学钢琴,我本可以很痛快地给她买一架钢琴,再报个特长班。但买了房子,还能满足孩子的这些需求吗?是不是连旅游经费和家庭开支都要缩减?"

那一夜,她心里好像一直有个声音在说:"你不需要那套房子,你现在的生活已经非常好了,跟有没有那套房子毫无关系。"

第二天睡醒,她告诉老公,她打消了买房子的念头。

我笑道:"还好,在买房前你在自己这里找到了答案。否则,即便那时候不后悔,将来也会后悔的。"

她一脸轻松愉悦地说:"你看,我现在就有一种实现财务自由的快感。那些钱放在银行,每年光利息就花不完,这样多好。像我这种向往过幸福小日子的人,就该过这样的生活。"

能够在迷茫时听到内心的声音，是幸运的，也是幸福的。

至今，仍然有很多年轻人在纠结要不要买房，尤其在结婚前。父母也为此头疼，要不要给孩子提前置办一套房子。其实，买房子不是我们的必修课。无论是维持现状，还是决定买房，都是为了更好地生活，就看你更向往的是哪一种生活。

所以，迷茫纠结的时候，不妨在自己内心找找答案，你真的想买房吗？

如果想到买后烦恼不断，那便不要买；如果想到不买就忧心忡忡，那便是要买。接下来就为了买房而努力挣钱去吧！

听从自己内心的想法，就要有坚持下去的决心。只有这样，才不会在将来懊悔："唉！当初要听自己的就对了。"

别人的话可以不听，但自己内心的话一定要认真倾听。

记得上大学那会儿，隔壁宿舍有个胖姑娘，身高一米六，体重一百八十多斤。她因为在食堂吃饭时不小心蹭掉了一位同学的餐盘，被对方羞辱了几句，便下定决心要减肥。

于是她给自己制订了一套减肥计划——饮食控制+运动。

早餐：一瓶牛奶、一个鸡蛋；运动：快走三十分钟，拉伸十分钟。

午餐：半个馒头、一盘没油水的拌凉菜、一碗小米粥；运动：散步二十分钟。

晚餐：一个苹果；运动：跑步三十分钟，拉伸十分钟。

因为她体重基数大，其实按照她的这套计划，只要肯坚持下去，是会瘦的。我们隔壁几个宿舍的同学们也一直在给她加油打气。

可是，才坚持了一个星期，她就忍不住偷吃了一碗肥肠豆腐米线。她为此十分懊恼，就又开始按照之前的计划继续减肥。

有次清早跑步时，我在操场上遇到她，便随她一起快走了会儿，走够了就坐在草地上休息。

我问她："怎么样，瘦了几斤了？"

她笑道："十一斤了，我感觉脸比过去小了，有没有？"

其实我没有看出她哪里有变化，像她这种情况的减肥，一开始若不减掉二十几斤，是没有明显特征的。但我愿意鼓励她一下，故意睁大眼睛惊奇道："真的耶，脸确实小了很多，继续加油。"

孰料她却叹了口气，说："好难呀！我其实已经想放弃很多次了，我的朋友也说，要不算了吧，太辛苦了。"

"那你是怎么坚持下来的？我记得从开始减到现在，快一个月了。"

她在兜里摸了一阵子，拿出一枚硬币，对着天空说道："每当我快坚持不下去的时候，我就抛硬币。"

我伸手拿过那枚硬币，颇感疑惑道："抛硬币？也不可能次次都能抛到坚持的那面呀？"

她说："是啊！其实没几次会抛到要坚持的那面，可每次抛的时候，我心里就有答案了。当硬币飞出手的瞬间，我脑海里蹦出来的念想只有减减减。所以，我抛硬币不过是想知道自己最期待的究竟是什么。"真是个不错的办法！

有一个周末，我不知道是在宿舍里看书好，还是去逛街好，实在决定不出来的时候，我也找出一枚硬币。当我抛出去的那一刻，我已经知道了自己内心的答案。

事实上，大多数时候，当人们遇到难以抉择的问题时，心里其实都是有倾向性答案的，只不过缺乏一个能瞬间激发出来的契机。

所以，如果是遇到关于坚持还是放弃这种非A即B的问题时，若你想不清楚，就抛一下硬币吧！

人越通透，
活得越高级

～～～

01

陪小外甥女妍妍读绘本的时候，读到一只白狼的故事。

故事中说，有一只浑身雪白的狼，每天在大草原上昂首挺胸地转悠，下巴抬得高高的，它觉得这样才显得高贵，有气势。

它的朋友们总是劝它，在草原上走路不要太招摇，头放低点儿，眼观八方，这样碰到了猎人才能及时逃跑。

白狼不以为意，任凭其他狼怎么说都听不进去，甚至觉得它们有点聒噪，冲着它们不屑道："你们可真吵，有什么大惊小怪的？"

有一天，它像往常一样在大草原上溜达，结果被猎人盯上了。随着一声枪响，白狼吓得六神无主，到处乱窜，猎人对着它一连开了三枪，一枪打到了它的后腿，一枪打到了它的前腿。虽然最后白狼逃出了猎人的围捕，但它受伤严重，险些就死掉了。

从此以后，它再也不敢昂首挺胸地走路了。

读完故事后，我问妍妍："你说，白狼为什么差点被猎人打死呀？"

妍妍摸着小脑袋，嘟着嘴说："它没看见猎人呗！"

我摸着她的头说："你可真聪明，那如果你是它的朋友，你会劝它好好走路吗？"

妍妍一副不屑一顾的样子："我才不说它，它又不听，说了也没用。"

我笑着说："对，有时候我们是劝不动别人的，等他吃了亏，撞了南墙，受了教训，自然就知道该怎么做了。"

生活中，你身边的伙伴，或者亲人，或者朋友，难免有想不通，或走错方向的时候。作为旁观者，你可能会看得更透彻些，所以总是忍不住想要劝说一二，或指点一二。但是，你认为有道理的话，其实未必能被他接受。

这世界上没有任何一句话可以叫醒一个装睡的人，也没有任何劝说能打动一个一意孤行的人。真正可以让他醍醐灌顶的，只能是一段经历，或一次碰壁。

人与人的生活经历不同，对生活的感悟自然也不同。你觉得为了身体健康，一定要少抽烟，但对方偏就爱抽这一口，只想不受束缚，开开心心地做个吞吐烟雾的"神仙"。

那么，当你对他说："你以后少抽点烟吧！不知道烟是慢性毒药吗？"

你觉得他会听你的吗？

他可能会对你说："哎呀！我知道。但是如果不让我抽烟，我宁肯现在就死了。所以，没事，你别管我了，管好你自己就行了。"

听了这话，你心里肯定不舒服，劝这一次也就罢了。大家都是成年人了，道理他都懂的，若你一次又一次地劝他，反而会被嫌弃啰嗦。所以，我一直觉得，管好自己，莫强度他人，是我们今后必须掌握的一个处世技能。

但凡那些活得通透的人，都不会轻易指点他人，一副风轻云淡的模样，看破不说破，保持自己的生活节奏，闲谈不教人，让人觉得亲近又舒心。

再见客户冯姐的时候，她依然是一副淡雅模样，言谈举止落落大方。

这次，我们按照老习惯还是相约在公司楼下的咖啡厅。

在我们聊天的过程中，她接了一通电话。虽不知电话那头的人说了什么，但听得出是有人想让冯姐去劝说谁。

她不疾不徐地回应着电话那头的人：

"嗯！我理解你的心情。"

"嗯！我知道你很焦急。"

"嗯！你说得对。"

"好！你有主意了就行。"

等冯姐挂断电话后，她略显歉意地说："抱歉，是家人的来电。我们继续说吧！"

我表示理解，说："若你有急事，可以先走，合作的事改天谈也可以。"

冯姐说："不是什么大事，不过是家里一个妹子不想读书了，想让我帮着劝劝。但有时候，不是你说为她好，她就能听得进去的。时间会慢慢告诉她该走哪条路的。所以，不急。"

讲真的，每次和冯姐有约，我都充满了期待，因为每次她都能带给我不一样的人生感悟。我若是男子，肯定要对她心生爱慕了。她就像个智慧女神，把人性参悟得透透的。

冯姐说得太对了，我们的确常举着"为你好"的大旗，到处干涉别人的人生，你不该这样，应该那样，等等。心虽是好心，但讲道理其实也是在赤裸裸地贬低对方，告诉对方，他就是不如你懂得多，处处不如你。

所以，你越是滔滔不绝地跟别人讲道理，对方就越想逃离。

一个亲和度高的人，她不会把手伸进别人的生活里，而是静静听别人诉说，听别人发牢骚，但最后让别人是别人，让自己是自己。

02

你会高估自己的想法和认知吗？

听我的，千万不要以谋士的身份随便出现在别人的生活里，这样你与别人的情分才能一直延续下去。

在《我们的新时代》这部剧中有这样一段剧情：

白菁和文静是多年好友。文静成为单亲妈妈后，便开起了出租车。白菁知道后，觉得文静有学识，有能力，长得还漂亮，开出租车太屈才了。所以她总是建议文静换个工作，为此还煞费苦心地帮她介绍人脉。

可文静觉得现在的生活状态挺好的，开出租有开出租的快乐，能让她体会到人间百态。

但白菁却替她不甘心："你按我说的做吧，你是不是没有简历，我帮你写一份好了，你就准备面试吧。"

文静终于受不了她那副自命不凡、趾高气扬的样子了，她生气地说："你能不能别这样！总以为自己说得才对，把你觉得正确的事强加给我。我完全不想换工作，你听懂了吗？"

多年的感情，就此不欢而散。

有很多好的感情，都终止于其中一方的好为人师。

所以，永远不要高估自己的认知，不要草率分享自己所谓的人生经验。你的好心未必适合别人，你的视角未必是别人想要的角度。而事实上你也很难看透别人真正在乎的是什么。

有一次，我、亚楠和社团的几个成员聚餐。大家一边吃一边乱聊，不知谁说起什么样的男人才是值得托付终身的话题。

有人说："有车有房的，还都是全款买下的，这至少说明他有挣钱的能力，结婚后不必为钱发愁。"

有人说："还是人品是第一考量，人品过关，白头到老没问题。"

有人说："富二代多好，小霸总的感觉，人帅、多金，还有花不完的家产可继承。"

又有人说："只要会心疼人就行。到后来，还是得比这个。"

轮到我的时候，我说："这个我没怎么考虑过，不过，人品得好，不富有但也得是个潜力股，情商要高，我觉得必须得有这三样。"

……

每个人都有每个人的看法，这时有人注意到坐在角落里的一个女同学一直没发言，于是有人提议让她也说一说。

她想了想，说："你们都有自己的择偶标准，真好！我至今都没被人喜欢过，所以不知道什么样的才适合自己。"

这姑娘凭一己之力扭转了话题,所有人开始把注意力都集中到她身上,开始对她提各种各样的建议。她一直保持着微笑,时不时回应别人。

"嗯!你说得有道理。"

"对,我记下了。"

"真的是这样吗?你想得真周到。"

"呀!我从没想到过这些。"

……

"谢谢,今天收获太大了,我得好好消化消化。"

你看,她没有加入辩论当中,却成了被众星捧着的月亮,还让那些星星觉得无比自豪。这不是心机,也不是手段,而是懂得了人前不争一时口舌之快,要尊重别人的认知。

如果你看到身边有个女子,很少高谈阔论,很少在叽叽喳喳的人群里抢答,她就是你可以结交的那个人。与之交好,终会让你慢慢明白,学会接受和欣赏差异是一种高雅的情操。

03

下午茶时,一个小姑娘说:"我准备去楼下的甜品店逛逛,大家谁有要捎带的东西吗?"

一位同事说:"我要份焦糖布丁,一会儿微信转你钱。"

另一位同事说:"我要两个雪媚娘。"

还有一位同事说:"给我拿两个葡萄干蛋挞。"

小姑娘比了个OK的手势,便兴冲冲地去了。回来的时候,她一个挨一个地送东西,等送到最后一位同事的时候,她一边放东西,一边说:"没有焦糖布丁了,我给你换了抹茶蛋奶烤布丁。"

那位同事立刻皱起眉头:"我不吃抹茶味的,你怎么不提前告诉我一声呢?我要是知道没有焦糖布丁,就不让你买了。"

小姑娘尴尬地站在原地:"不好意思,我以为你会喜欢呢,这抹茶味很好吃的,要不你尝尝?"

那位同事只好说:"那放这儿吧!"

小姑娘刚转身要走,那位同事就把甜点推给了另一边的同事:"你喜欢抹茶味的,送你了。"

小姑娘一脸委屈地回到工位上。我想,她已经知道自己不该擅自替别人做主了。

和别人在一起的时候,无论彼此是什么关系,哪怕是亲密的恋人,很好的朋友,你也要与他保持一定的距离,我说的距离,是分寸感。

不要过于热情,因为太热情了,会让你不由自主地将个人意愿施加在对方身上。

比如,有人来家里做客,你盛情款待,不断把苹果、香蕉、火龙果往客人面前堆,人家不吃,你就替他剥好香蕉,递他手里。

说实话,我不太理解这种行为,毕竟大部分人去别人家做客,只想大方优雅地坐在沙发上说说话。聊聊天，一杯茶或一杯水足矣。

有一次，我去姐姐家玩，家里只有她一个人。她细心地把西瓜、苹果、梨和火龙果切成小丁，放在茶几上。告诉我，想吃什么自己取。然后又问我："家里有橙汁、椰奶，你想喝哪种？"

我连忙说："姐，你别忙活了，我不渴。而且现在，我在控糖期。"

于是姐姐索性坐下，和我拉起了家常，这场谈话就很舒心。

并非因为她是我的亲姐，才让我觉得格外亲切聊得来，而是她懂得尊重别人的意愿，知道点到为止，不会擅自替别人做决定，更不会过度介入别人的决定。

小时候，你总以为只要自己够牛，就能改变世界；长大后，你才发现自己改变不了世界，于是就想帮别人做一些改变也是好的；可当你有过一定的社会阅历，见的人多了，经历的事多了，就会明白，你能改变的只有自己而已。

你我各自手持烟火，照亮的只能是自己的人生罢了！不要被别人左右你的人生，当然，也别试图去左右别人的人生。

愿你在芸芸众生中，先学会度己，守好自己的小世界。别人的生活，不打扰，不纠结，做个看破不说破的智者。

活得通透些，才能滋养出最好的自己。

第五章

手持烟火以谋生，
心怀诗意以谋爱

给时光以生命，
而不是给生命以时光

01

我想起有一位朋友曾对我说，晚上九点以后的朋友圈可以看看。

朋友圈对大部分人来说，就是一个"晒"自己的窗口，可以晒情绪、晒爱情、晒生活、晒身份、晒地位、晒人生的点点滴滴，它大得就像一个小世界，演绎着烟火里的人生百态。

于是我点开朋友圈，各式各样的生活片段便如走马灯一般呈现在我面前。

"撸串、啤酒、小龙虾，又是醉生梦死的一天呀！明天和谁约呢？"这是一家服装店的导购小妹妹，隔三岔五就与三五好友约酒或聚餐。

"万能的朋友圈，剧荒了，谁有好看的剧，推荐一下呗！"这是一个同事小姑娘，很喜欢看偶像剧和仙侠剧，她的闲暇时光都是靠追剧撑过去的。

"怎么王者又更新了？好好的'上路'改的什么名字？还让不让人玩了？"这是我的一个小学同学，她玩"王者荣耀"有五六年了，每天都要玩一会儿。

"气死我了，也不知道这一天天地活个什么劲儿？没一个让我省心的。"这是我朋友圈里比较爱发自己琐碎家务事的家庭主妇，她每天的生活就是洗衣做饭，照顾孩子和家庭。每天在朋友圈里发泄情绪已经成了她的生活习惯。

……

看到这些，我突然想起之前看到过的一段话："曾经以为老去是很遥远的事，突然发现年轻已经是很久以前的事，时光好不经用，抬眼，已是半生。"

和一个朋友闲聊的时候，她忽然无奈地对我说："怎么突然觉得还没怎么样，我就奔四了呢？我的人生有什么意义吗？感觉就像白活了一场，太没意思了。"

这位朋友在一家电商基地工作，她的生活很规律，上班、下班、做饭、收拾家务、辅导孩子学习、睡觉。日复一日，年复一年，过着如复制粘贴一般的生活。

她总是一副泄劲的样子，逢人就说："大家都一样，糊弄糊弄，这辈子就过去了。"

我想，那些数十年如一日活在我朋友圈里的人，和这位朋友有着相似的想法，常常是糊弄着生活，觉得人生就是得过且过。

回顾往昔，其实我也有段时间只是为了活着而消耗时光。

我曾为了打扮得好看而陷入对物质的索求无度中。后来，为了满足贪婪的欲望，我就把放纵购物当作对自己劳作一天的补偿。

那时，我很不喜欢别人问我："你最近怎么样？"

因为我只能回答一句："就那样呗！"

那段时间，我以为我在为自己的人生争分夺秒，可事实上却是被世俗蒙蔽了双眼，一直用大众普遍认同的生活方式消磨自己的时光。

所以，那时我的人生何其单一，没有丝毫可值得回味的经历，更没有什么可作为谈资的话题。那种感觉就好像一粒随风滚动的沙子。

如果你不懂得给时光赋予生命，抬眼，便已是半生。半生虚度，就等于半生无所事事，半生已荒废。

我的堂姐在上学的时候，总觉得英语很难。上大学时，她的英语虽然勉强考过了四级，但后来还是放弃了继续考级。因为那时候，她把更多的时间用在了谈恋爱上。

可是，进入社会后，凡是她看得上的工作，最低要求也要英语过六级。有一次，她硬着头皮去面试，被要求用英语进行交流，每当她听不懂的时候,就只能羞愧地红着脸问:"Pardon(不好意思,您能再说一遍吗)?"

后来,她入职了一家小公司,那份工作虽然对她的学历和英语水平没有太高的要求,可终究不是让她动心的工作。

光阴很单薄,你不看重的话,月亮转一圈就散了。而那些你嫌麻烦的,懒得去专注的,在将来有可能让你错过心动的事或人,最后不得已在时光里蹉跎了岁月。

半年后,堂姐辞职,她报名了一家专业英语培训机构,也经常参加出国短修的课程。一年时间,她的英语水平突飞猛进。

最近,我在朋友圈翻到她与美国朋友举杯谈笑的照片,她说:"道阻且长,行则将至。曾经蹉跎的岁月,我愿花更长的时间认真弥补。希望我的决心、用心,可以在曼妙的时光里开出花儿来。"

我想,给时光以生命,就是坚持做一些对你个人而言值得的事。

人生漫漫,你要学会在自己的时间里漫步,独自思考,认真对待人生的每一个细节。因为只有被细细品味和认真对待的人生,才会变得丰满且知足。

02

同事忽然问我:"我特别喜欢街舞,可我已经是成年人,而且奔三了,如果现在去学这个,会不会很奇怪?"

我笑着说:"没什么奇怪的,每年都有四五十岁的人去参加高考,有六七十岁的老人家去学书法,那摩西奶奶七十七岁才开始学画画呢。他们都可以放开胆子,发挥生命的余热,你自然也可以。"

有一年,我和朋友坐火车去云南大理玩,在火车上,我认识了一位爱画画的大姐。

大姐就在我的卧铺下面,她穿着朴素,总是盘腿坐在床铺上,拿着一个平板电脑,在上面写写画画。我和朋友带了很多水果,总与她分享,这样一来二去,也就熟悉了。

别看大姐看上去普普通通的,却是漫画圈里一个拥有十几万粉丝的业余漫画家。

更让我意想不到的是,她任职于某个公职部门,至于是哪个单位,她不提,我也不好多问。她的职业跨度太大了,简直难以将两者放在一起。

大姐笑呵呵地说:"能进入公职部门,为国家为人民奉献自己的微薄之力,这是我的荣耀。但工作之外,我就是一个普普通通的女人,会相夫教子,会围着家转。只不过,我会利用生活中空出来的时间,做些我认为对我个人而言颇有意义的事情。"

大姐说的对她个人有意义的事情,我想,就是漫画创作吧。她的漫画题材和内容特别广,有侠义江湖类,有都市情仇类,还有社会公益类。

我问大姐:"有一天,你会不会只专注于漫画呀?"

大姐说:"不会,我有自己的本职工作。不过,任何工作做久了都会生出疲劳感。所以,我就给自己找了些喜欢的事情做。只是没想到一不小心就开拓了人生的另一个领域,虽是一场意外之喜,但让我更开心的是,我的人生也因此变得丰富多彩。"

除了工作和琐碎的日常以外,你还有别的事情可做吗?

如果没有,就赶紧给自己安排一个吧!喜欢的事,感兴趣的事,或者擅长的事,认真选一个放进自己的生活里,然后利用闲暇的时光精雕细刻。那些让你羡慕的多彩人生,其实都是这样实现的。

偶然看到一段视频。

周六的上午,一位妈妈把女儿送进学习吉他的教室后,转身就走进了旁边的成人班,她学习的是笛子。到了下午,她和女儿看了一场电影,又去动物园玩了一圈。

周日的上午,妈妈和女儿一起去学习游泳,两个人相互鼓励,在教练的帮助下,已经不需要借助游泳圈就能漂浮在水面上。到了下午,她又带着女儿去看望爷爷和奶奶。

记录视频的是女子的丈夫。

视频播放的最后,妈妈抱着女儿说了一句话:虽然我的生命的长度有限,但我会想办法扩宽人生的宽度。愿你此生也不虚度,能在白发苍苍时,对孙子孙女有讲不完的故事,说不尽的人生。

视频的落款是丈夫写的一行小字：她的每一面都在发着光，她是那么可爱，又那么热爱生活，能娶她为妻，是我上辈子修来的福气。

好的人生，就是在有限的时间里，做更多有趣的、有期待的、对自身有所成长的事情。让每一分每一秒都写满自己对生活的诚意和热情。

有一次，朋友问我："我就喜欢打游戏怎么了？我父母整天说我不务正业，可打游戏让我高兴了，开心了，这难道不是活着的意义吗？"

我只问了她一个问题："第二天醒来的时候，你有没有觉得昨天好像什么事也没有做？"

过了很久，她回复我说："差不多每周都这样，明明每周都双休，可周一的时候总觉得不痛快，感觉假期白过了。"

我告诉她，但凡第二天醒来，会为昨日遗憾、烦恼，感觉是虚度了，那昨日的行为就是毫无意义的。

人的生命只有一次，不能逆行，也没法彩排，每天都是一场现场直播，不能暂停，不能回放，更不可能重来。每一秒每一帧，过去了就是结束了。

所以，不要总觉得来日方长，来日并不方长。

青春很贵，千万不能白白浪费。你要抓住每一分每一秒去实现还未实现的理想，去为每一次心动的事投入感情和心力。

我很庆幸自己降生在这世上，所以不想在生命结束的时刻，没有一点欣慰的回忆。我不想做一只井底的青蛙，余生只伴着井口大的天空。所以，我拉开窗帘，打开房门，从一堆砌得高高的书本中走了出去。

我去参加马拉松，虽然只跑了半程，但拼命跳动的心脏让我觉得仿若重生。

全国各地，凡是有规模的书展，我都会去看一看，那时我才知道，原来过去我自命不凡的眼界果然如井底青蛙一般，太狭窄了。

我欣赏着山外山的景色，看着天外天的世界，不断接触新的事物，这让我觉得自己就像雨后春笋，时刻都在快速成长。

所以，可爱的姑娘，别总是羡慕别人的一生，你也可以在力所能及的范围里扩展生命的宽度。试着打破生命的常态化，在接下来的时光里一步一步扩大人生的意义和价值，慢慢成长为一个灵魂有趣的女子。

我一直觉得，那些善于改善日常或挑战自我的人，那些善于赋予时间热爱的人，无论岁月如何苍老，他们生命的年轮都能一直保持着澎湃活力。

愿你也能如此，在漫长的时光里，给平淡的人生多加一些不同的味道。

生活百般滋味，
人生需要笑着面对

01

曾看过一段视频：一张小方桌上摆着丰盛的饭菜，旁边有一个小男孩儿正在玩篮球，抛来抛去。结果一用力，球弹飞出去，直接砸到了饭桌上，只见桌子上的盘子和饭菜一时间撒得到处都是，还摔碎了一个盘子。

爸爸从厨房飞奔出来，愣愣地站在原地，看着满地狼藉，问孩子："谁弄的？你弄的？"

孩子听着爸爸严厉的斥责，吓得也不敢动。

这时，举着勺子的妈妈也过来了，她看着这乱七八糟的场景，兴奋地大叫一声："欧耶！"然后一边扭着身子一边挥舞着勺子，唱道："啦啦啦！啦啦啦！终于有理由下馆子去啦！哈哈，儿子，赶紧穿衣服，咱们去吃小龙虾！"

随即，她一把抱住旁边的老公，开心地说道："陛下，天命不可违呀！咱赶紧起驾吧！"

爸爸哭笑不得地看着妻子闹，孩子也乐得哈哈大笑。

多快乐的一家人呀！不，应该说，多有趣的一位妈妈呀！她是懂生活的，明白人心就像一个杯子，装得快乐多了，自然就没什么可烦恼的。

记得有一次我不幸中招流感，高烧不退，浑身酸软无力，连去厕所都要扶着墙走。

在我无力呻吟的时候，同样中招的苗苗给我打来视频电话，她半睁着眼睛，嗓音沙哑地说："你现在怎么样？退烧了吗？"

我有气无力地说："还没有，估计明天就能退了。你怎么样？"

苗苗蔫蔫地说："我太难受了，好像有点儿烧过头了。"

我不放心道："你可别吓我，量体温了吗？"

她说："不信你看呀！"

说着，她把视频对准腿的位置，只见双腿之上，雾气蒙蒙，白烟缭绕。

"我的个乖乖，你这是烧开了？"

"不，我要'渡劫成功，飞升上仙'了。"

我哈哈一声笑出来，震得脑瓜子嗡嗡疼，一边扶着太阳穴，一边笑道："别，大姐，我就这点儿力气了，再笑就没了，挂了。"

"哎呀！不逗你了。"她慢慢起身，从腿下掏出一个小加湿器，操着破锣嗓子说道："瞧见没，这就是老朽治疗嗓子疼的灵丹妙药。"她把它抱在怀里，一脸享受地吸了两口："爽呀！嗓子舒服多了。"

被苗苗这么一闹腾，我郁闷的心情好了大半。从认识她以来，生活在她面前似乎就是个腼腆的小孩儿，一直被她调侃着，打趣着。若要用一句话来概述她的生活态度，大概就是，生活虐她千百遍，她待生活如初恋。

所以，有时候不是生活太糟糕，而是你放弃了让它变得明媚、有趣的方式。

而我一直在向苗苗学习，学习怎么去调味生活，学会在枯燥乏味的日子里寻找有趣的那一面。

后来，我发现生活就像一碗水，你想咸点儿，就放把盐；你想甜点儿，就放几块糖。是要狂风暴雨，还是要晴空万里，都由你自己说了算。

每天去公司的路上，都会路过一个煎饼摊，烙煎饼的是个四十岁左右的大姐。我为什么对她印象如此深刻呢？因为她和别的摊主很不一样。

别的摊主看上去就是历经了风霜雪雨，吃尽了生活的酸甜苦辣，露出的是散不尽的沧桑感。而她，却像个少女，每天穿得光鲜亮丽，画着淡淡的妆，脖子上总挂着一对耳机，有时一边哼着歌一边烙煎饼，心情特别好的时候，还会免费多给客人加根辣条。

有一次，下着蒙蒙细雨，我着急赶路，但还没有吃早饭，便在她这里要了个煎饼。

她一边舀面糊一边和我说："小姑娘，我马上给你做，你别着急哈。"

"好嘞！"我看了看四周，没几个摊子，便说，"大姐，今儿天气这么不好，你还出摊呀？"

她笑呵呵地说："我要不出摊，可不就错过你这个小顾客啦？再说，这下雨天多好，空气新鲜，不冷不燥。"

我笑道："是呀！大家只顾着匆匆赶路了，却忘了下雨天也是很美的。"

她把煎饼递给我，我摸着似乎比平时厚了点："咦？煎饼好像重了很多。"

大姐笑呵呵地说："不小心多打了个鸡蛋。"

"多少钱？"

"八块。"

还是原来的价格，我疑惑道："大姐，你不会赔钱吧？"

大姐无所谓道："姐姐今天心情好，就当请你了。"

我和大姐告别后，刚转身，就听到她轻轻哼起了歌："我曾经跨过山和大海，也穿过人山人海；我曾经拥有着的一切，转眼都飘散如烟……"

有人早出晚归，当你还在酣睡的时候，他们已经起床准备新一天的营生，虽然日复一日干着枯燥无味的事，但总有人甘之如饴，将平淡的日子过得万种风情。

我想，只有那些会坦然面对生活，把人生百态当作饭后茶点去对待，无则不念、有则欢喜的人，才是最懂生活的人。

这样的人，当日子携风雨来时，她会说："呀！你又来撒泼了，看在花花草草喜欢你的分上，就不跟你计较了。"当日子平淡如水时，她便倚窗望月，烹茶静候时光。万事心中过，不留一点痕，她会礼貌地向每一天问好，然后拿着手提包，开门说："新的一天，真好！"

生活百般滋味，我真心希望你也能成为一个乐观、有趣的姑娘。要知道，生活就是个势利眼的家伙，唯独能让它讨好、巴结的就是那些乐观、有趣的人。

02

同事阳阳邀请我去她的新家暖房，等我到的时候，两个关系不错的同事都已经到了。可我在客厅里并没有看到阳阳的身影，便问了句："咦？怎么主人不在家吗？"

大家一脸忍俊不禁的样子，一个同事示意我去右边的厨房看看。

我刚走进厨房，就听见一声尖叫，只见阳阳站在离锅两米开外的地方，拿着铲子，举着锅盖，正在躲避锅里飞溅出来的热油。她的男朋友同样一副如临大敌的模样。

"阳阳，你做饭呢？"我看着这有点搞笑的一幕问出了一句废话。据我所知，她身为富二代，在工作上虽然很拼，但对做饭一直一窍不通。

阳阳见到我，嘿嘿笑道："你来啦？我做饭呢。你出去等着吧，一会儿就好了。"

我指着锅里已经焦煳的肉片，问道："你确定自己能搞定吗？不然我来做吧！"

她一边看着锅一边往外推我："你不许下手，这是命令。出去和大家玩儿，我保证，一会儿就搞定了。"

你看，一个初次闯入自己不擅长领域的人，却能这般自信乐观，就像被生活疼爱的宠儿，处处都洋溢着"我就是要逆天"的士气。

我和两个同事坐在沙发上闲聊，三人无聊地打起了扑克。但厨房里时不时传出来的尖叫声，与锅碗瓢盆砸地上的哐啷声此起彼伏，听得我们几个闲人心里发颤。

等了一个多小时，饭终于做好了。我们围坐在餐桌前，看着满桌子，嗯，怎么说呢？黑乎乎、黏糊糊的几盘菜？唉！深觉当初我们应该合力阻止阳阳才是。

阳阳激动地举起酒杯，说："欢迎大家百忙之中来帮我暖房，这杯我敬大家。"

随着她大喊一声"开动"，我提起筷子，左晃一下，右晃一下，捡了一根还带着点绿纹的豆角放进嘴里。啊！怎么说呢？她好像把糖当成盐了。

其他几个同事，有的闭着眼下咽，有的捣鼓着腮帮子可劲儿嚼。直到阳阳"啊呸呸！"几嘴，说："我的妈呀！这是毒药吗？"

不知是谁"扑哧"笑出了声，结果带动着大家全都哈哈大笑了起来，一个个笑得前仰后合。

阳阳站起身来，大声宣布："好吧！我得承认，我在做饭上确实没有天赋，我以后再也不下厨了。"转而看着自己的男朋友，说："以后由你来做饭，你可有意见？"

男朋友虽然也不是很会做饭，但态度还是很积极的："小的绝对没有意见，我就是家里的砖，小主您指向哪儿，小的就往哪儿搬。"

最后，阳阳叫了一份火锅外卖，我们才顺利完成了暖房仪式。

闲坐的时候，我问阳阳："就你这倔强性子，以后果真不下厨试试了？"

阳阳贼兮兮笑道："怎么？你还想尝尝我的手艺？"

"别,已经见识过了,小的不敢造次。"

她笑道:"不会做饭而已,于我而言,不过小事一件。你瞧,吃着外卖,还不用收拾厨房,多惬意啊!要知道'人生得意须尽欢,莫使金樽空对月。天生我材必有用,千金散尽还复来',连李太白都这么懂我,我有何愁呀?哈哈。"

是啊!很多看似重要的事,若你不去计较,也不过是一件芝麻小事,总会有办法解决的。与其愁眉不展,不如一笑而过。

人生不过三万天,开心一天是一天。有时候,你就是要学会"风吹哪页读哪页,哪页难懂撕哪页",这样才能元气满满地过好接下来的生活。

我经常看到一些被生活为难,却依旧笑颜如花的人。

有一次看到记者街头采访一位刚从医院走出来的阿姨,她问:"阿姨,刚才看您从医院里走出来,您是来看人,还是?"

阿姨看着镜头说:"这是采访吗?哪个频道啊?别人也能在电视上看到我吗?"

记者小姐姐笑道:"我们是街头采访直播,会有千千万万个观众看到您。"

阿姨整理下着装,然后对着镜头笑道:"我是这家医院的病人。"

"能冒昧地问您一句,您这是出院了吗?"

阿姨脸上依旧笑呵呵的，说："不是，我是来拿药的，前不久才检查出了癌症。"

记者非常不好意思地说："对不起，让您在这么多观众面前暴露自己的病情，很抱歉。"

阿姨拍着记者的手，和蔼地说："没关系，我现在挺好的。我能在你们频道上跳个舞吗？我练了好久了，本来要随舞团参加一场比赛，但现在已经不能上台了。"

记者欣然同意。阿姨用手机播放音乐，开始在镜头前舞蹈。围观的路人越来越多，大家纷纷叫好。可跳到一半，阿姨就没力气了。

她抱歉地说："不好意思，现在体力跟不上了。"

记者说："您跳得很好，镜头前现在有几千名观众正在看您跳舞，大家都在为您鼓掌呢。"

阿姨笑道："好，好！我知足了。我要回家了，再见，小姑娘。"

记者问道："没有家人来接您吗？"

阿姨一副别大惊小怪的模样："我现在还没虚弱到要人照顾，我呀，就喜欢一个人散散步，看看风景。你瞧，今天艳阳高照的，天儿多好呀！"

说着，阿姨就淡出了镜头，朝远方走去。片片落叶下，她的背影安详、静谧。

生活就是一面镜子，你对它笑，它亦会对你笑。

完美的爱情，
就是学会接受不完美的爱人

～～～

01

《大话西游》我反复看了四五遍，最喜欢紫霞仙子说的："我的意中人是个盖世英雄，有一天他会踩着七色云彩来娶我。"那时候，我只觉得，能嫁给盖世英雄是多幸福的事情呀！

长大后，我再看《大话西游》，才注意到紫霞仙子还说过："我猜中了前头，可是，我猜不着这结局。"

原来她的盖世英雄不像她想象得那么完美，他没有给她惊世骇俗的爱情，也不会一直在原地陪着她。

小时追剧，只图欢喜；长大后再看，尽是人生写意。

有个女孩在镜头前哭诉："我不该怪他，不该强迫他，是我错了，可是他再也不是我的了。"

我翻看她从前的视频记录，原来过去，女孩一直期盼可以遇到一个和自己哪儿哪儿都契合的灵魂伴侣，可以像书里写得那般郎情妾意、举案齐眉。

后来，她相亲认识了一个又一个男生，但每个人都无法令她满意。

有个长相俊俏，又工作稳定的男生，一开始接触还行，但后来发现他太精打细算了，连看一部电影都要等着有优惠券的时候才请她去看。

还有个自己开店的青年才俊，他是懂浪漫的，但是见谁都一副市侩模样。

总之，这几年来，她是谈一个，分一个。

朋友们劝她不要太执着寻找完美的恋人，毕竟这世上没有完美的人。但是她就是觉得自己一定可以遇到。

对另一半有要求有想法，非常好，说明你很尊重自己的感情和未来。但不要把对方完美化，因为他也只是一个有七情六欲的凡人而已。

后来，她遇到了一个特别的人，那人起初就像一束白月光照进了她的心里。所以，她叫他月光先生。

月光先生是个很温和的人，出身书香门第，很有才情，样貌出众，经营着一家小规模的工作室。最重要的是，他和她在各方面的契合度很高，算得上郎才女貌。

月光先生对她甚是怜惜，是那种眼里只容得下她的人，两人有很多共同语言。她一个眼神，他就可以秒懂。

本以为他就是她的真命天子，终于花落有家了。可没过多久，她便说自己又失恋了。

分手的原因是他喜欢各种各样的小动物，家里养着三只猫和两条狗，还有一只会吐口水的羊驼。每次去他家做客的时候，她总觉得呼吸的每口空气里都有猫毛和狗毛，还觉得猫砂盆有难闻的味道，尽管男生一再强调每天都会换猫砂。

她建议他把这些小动物们都送人，但他却说，那都是他的家人，他不能没有它们。

她说："我凭什么要忍受那些不可理喻的嗜好？"

因此，她选择了分手。

也许，在我们看来，月光先生的独特喜好，算不上什么毛病，无伤大雅。可姑娘却看不透这一点，还给两个人的感情强加虐恋戏份，不断质疑对方的情感归属是否纯粹。

过了一段时间后，她在人群中仿佛看到了月光先生的身影，那时她才恍然察觉，他真的是一个很不错的伴侣人选。可是，已经回不去了。

后来，她自己也领养了一只猫，每天还会抱着它入睡。而当初那个被她视作不完美的恋人，则成了她心头永远去不掉的朱砂痣。

爱情太复杂了，不是简单的你对我有情，我对你有意，就可以执子之手，与子偕老的。

两个人在一起久了，肯定会出现这样那样的不合，若你就喜欢盯着他身上的那点小问题看，他说的每句话都会让你觉得有过错。到最后，就只剩下分手才能平衡你内心的不满。

遇到一段合适的感情不易，结束一段感情却很简单。你仰天长叹，为什么自己就遇不到白马王子呢？其实，你怎知错过的那些人里没有你的白马王子呢？

02

花开得正好的时候，我在楼下的紫藤萝走廊里闲坐，一位老奶奶打完太极后，就推着老伴儿来廊下歇息。

老奶奶很和蔼，我们打了招呼后，便随意聊了起来。

正聊着的时候，老爷爷嘴角有口水流下来，老奶奶一边给他擦，一边说："别看他现在老老实实的，年轻的时候脾气可臭了。"

原来，年轻时是老爷爷先追的她，结婚后俩人也着实甜蜜了一阵子。但随着日子渐长，老爷爷的脾气就藏不住了，不仅爱耍小性子，还动不动就不理人。

有时候没给他刷鞋子，他会发脾气；有时候饭菜做咸了点，他也会唠叨两句；他要是这疼那痒或发烧感冒了，就得围着他转悠，把他当小娃娃一样哄着心疼着，要做得不好，他能十天半个月不理人。

老爷爷努了努嘴，老奶奶忙哄道："好了，好了，不说你坏话了。"

老奶奶笑呵呵地哄着他，然后又说："可是呀！他很踏实，也不怕吃苦，啥工作挣钱，他就去干啥。虽然有几个老哥们，但他从来不跟他们似的整天喝酒逗乐子。下班就回家，挣的工资全交给我保管。平日里，家里的大小事也都是我说了算。所以，他待我也算不薄了。"

我能感受到老奶奶对老爷爷有很深的眷恋，不由说道："你们感情可真好。"

老奶奶依然乐呵呵地，说："所谓的感情好呀，就是你闭一只眼，我闭一只眼，这样过着过着也就合适了。吵吵闹闹一辈子了，现在他不闹了，我反倒不适应了。你说怪不怪？"

夕阳下，老奶奶推着老爷爷离开。

我不禁感慨，是啊，人和人之间哪有那么多百分百合适的呀？可过着过着，也就合适了。

谁的爱情和婚姻没有过鸡飞狗跳的争吵呢？哪个优秀的男人没点儿个性或嗜好呢？有些女人就能和这样的人生活一辈子，而且在你看来，他们是那般珠联璧合，佳偶天成。

我不信什么天赐良缘，好的爱情和婚姻都是事在人为。当你接受一个人时，你得优缺点一起接受，然后像养花儿一样，一边欣赏它的曼妙，一边帮它浇水、施肥、修剪花枝。

妈妈说，她和爸爸就是相亲认识的，相处了没多久，就结了婚。

可是，妈妈却对我说："要是知道你爸是个邋遢鬼，当初打死也不会嫁过来。"可即便这么说，她还是跟爸爸生活了大半辈子了。

爸爸年轻的时候，特别不修边幅。好几天才刮一回胡子，穿衣服也不利索。当然，以前的衣服都是他自己买的，裤子又肥又耷拉，上衣都是五六十岁老大爷穿的汗衫。

等妈妈察觉的时候，就问他："你跟我见面的时候，穿的不是挺齐整的吗？"

爸爸笑着说："相亲不都得穿好看点吗？那不是我衣服，临时借我哥们的。"

妈妈听过之后，险些气晕过去。可毕竟已经登上了"贼船"，能怎么办呢？凑合过吧。

妈妈一气之下跑去商场，给爸爸买了两条裤子、两件衬衫、三件T恤和两件不同风格的外套。

爸爸说："你乱花那些钱做什么？我这衣服不是挺好的吗？败家呀！"

妈妈也没恼火，只说："你想不想和我过一辈子？"

爸爸愣了愣，说："不跟你过一辈子，跟谁过呀？"

妈妈丢给他一套衣服，说："那你以后穿什么都得听我的。"

从此以后，爸妈之间就开启了漫长的斗智斗勇、改头换面的婚后生活。

虽然这么些年，爸爸已经成功变成了一位体面的中年男士，但还是得靠妈妈没完没了地批评教育，他才能表现得更好一些。

我问妈妈："你总说当初瞎了眼，那你怎么还跟他生活到现在呀？"

妈妈说："就你爸那样子，也就我能受了，凑合着瞎过吧！再说了，他都不嫌弃我脾气差，我哪儿能老嫌弃人家呀？你听妈妈说，别管以后跟谁生活，他若能包容你的缺点，你也得能包容人家的缺点才行，甘蔗哪有两头甜的啊？"

我知道，一个人确实可以慢慢改变另外一个人的思想、品位和习惯。但是，妈妈说得对，甘蔗哪有两头甜的呢？

现在很多女孩看待爱情，总希望他可以事事都依自己，事事都把自己放在第一位。你说什么他都得听着，你要什么他都得成全；你叫他往东，他不可以向西，否则就是不爱你。

哎呀！现在想想，怎么可能所有好事都让你占了呢？即便他刚开始确实都做到了，你就不担心他是对你图谋不轨？

如果你是一个刚成年的女生，姐姐劝你赶紧打消这种念想。没有任何一个男人会无条件地为你付出,那些愿意这样做的,心里都是算好了的。

如果你是一位成熟的女性,我想,你应该已经意识到,世界上没有完美无缺的男性,只看你愿不愿意接受眼前的人,接受他的性格,接受他的脾气,接受他的嗜好。

你我看到的那些令人羡慕的爱情,不过是两个各有棱角的人,彼此都接受了对方的不完美。然后在共度的岁月里,一边磨合,一边欢笑,互敬互爱。这样的爱情,才是正常的,符合逻辑的。

03

朋友给我发过来一段视频。视频中,一个男人坐在马路牙子上,一个女人抱着他,男人喝了很多酒,站也站不起来,嘴里一直含糊不清地说:"老婆,我对不起你,我对不起咱们这个家!"

"投资没谈下来,公司要完啦!"

"老婆,我是不是特别无能?"

女人抱着他,眼泪唰唰地往下流,她说:"你没有对不起我,咱不要那项目了,没钱就没钱吧,咱们一家好好的就行了。"

男人抱着老婆号啕大哭:"是我没用,没让你过上好日子,是我笨,是我蠢。"

女人喊道:"不,你是一个好丈夫,是一个好父亲,我可以什么都不要,但你必须得在。你在,咱这个家就不会散。创业失败咋了?咱就是打工,也能养活自己。"

朋友说，她一直嫌弃丈夫工资低，有时看到他的脸就嫌他烦，还经常吼他。

现在想想，他在外面跑业务，整天风吹日晒的，业绩不好时还会被老板骂，回到家后，还要忍受她阴阳怪气地数落。他的心是不是早已经千疮百孔了呀？

朋友说："我从嫁给他的那一刻起，就知道他只是一个普普通通的打工人，我凭什么要求他给我金窝银窝呢？我除了瞧不起他，又为他做过什么呢？"

亲爱的，从你爱上他时，从你嫁给他时，他是什么样子，你心里多少是有数的。所以，对自己诚恳一点儿，也对他宽容一点儿吧！

当你把他放在心上去疼惜，才能看到，原来他一直在努力，想要成为你心目中喜欢的样子；原来他也需要安慰；原来他承受的打击比你只多不少；原来他一个人在外面也经历了那么多的风风雨雨。

当你埋怨他忘记了情人节，忘记了给你买花的时候，想一想，你是不是也可以给他买礼物，送他一束花？然后对他说一声："亲爱的，情人节快乐。"爱情是需要相互付出的。

总之，我想要告诉你的是，这世界上没有完美的人，只有会不会经营爱情的人。而爱情本身，就是两个不完美的人，携手共创一段完美的关系。

我能想到最遗憾的事，
是没能陪你慢慢变老

01

我在参加一次读书会时，加上了一位姐姐的微信，她的昵称叫"天涯游子归故拾白鬓"，后来渐渐熟悉，我说："你这昵称看着叫人悲伤。"

她告诉我，八年前她和几个大学同学一起来北京发展，组团创业。那时事业刚起步，每天忙得脚不沾地，每年只有春节的时候才能回家几天。那时，她一心想的是等将来事业有成了，就把父母接过来居住。

有一年年底，因为一个大项目正处在紧要关头，她不敢有一丝懈怠，便没有回家过年。可大年初三的时候，母亲打电话说父亲中风了，病得很厉害，让她赶紧回家。

等她赶回家的时候,父亲已经瘫痪在床,嘴角歪斜。她说:"爸爸一见到我,泪水就止不住地流,嘴用力哼哼着,我却听不出半点意思。"

她握着父亲的手,哽咽地说不出话,憋了好一阵子,才说:"爸,我回来了,没事,咱会好的,我还等着你给我做烧茄子吃呢!"

她帮父亲擦去脸上的泪水,新的泪水又会补上,这该死的中风竟让曾经那么好面子的父亲失去了对身体的控制,他心里得多难受呀!她擦着擦着,手碰到了父亲耳鬓处的头发,这时才发现,原来父亲的染过的黑发下已经藏满了白发。是啊,他已经六十多岁了,已经到了病来如山倒的年纪了。

这位姐姐说了很长一段话:"没想过父母有一天会老,我总觉得,只要回家,爸爸就会催着我跟他打羽毛球,妈妈还是会举着竹竿追得我满院跑。可是,现在他们居然老了,当时我难以接受这个现实,因为我答应带他们到北京天安门广场看一看的。可是,就这么点小事,被我硬生生拖了八年。作为儿女,我陪伴父母的时间太少了。"

这么多年以来,网上一直活跃着一个话题:"你和家人之间可有遗憾?"

有人说:"十多年了,还没带父母出去玩过呢。"

有人说:"他们走了,我却没有一张全家福。"

有人说："我答应一年多回家几次，可每年却只回去一次。"

有个共情度最高的回复，说："我最遗憾的，是没能陪他们慢慢变老。好像时光'噌'地一下，就把他们的年轻带走了。那是这世间最爱我的人啊，我却把他们独自放在了很远很远的地方。"

这世上，有那么两个人，从你出生时起，就对你细心呵护。在你长大的期间，陪伴你仿佛成了他们这辈子最重要的事，虽然过程磕磕碰碰，但他们还是在努力学着怎么做合格的父亲和母亲。虽然有时也有错误的示范，有对你的不理解，有动不动就暴躁的脾气，但是，他们却在用自己觉得对你好的方式养育着你。

我记得妈妈说过："你以为把你养到大学毕业就算完成任务啦？对儿女呀！那是要操心一辈子的。"

妈妈说，在我刚刚出生的时候，她整宿整宿地睡不着觉，会忽然像发了神经一样把手指放在我的小鼻子下面，生怕我没了呼吸。她总是觉得我太小了，太脆弱了。

我六个月大的时候得了肺炎，可吓坏了他们。爸爸害怕我被痰堵着，就二十四小时不合眼地抱着我，时不时摸摸我的脸蛋，感觉温度正确，才放心。

每当妈妈给我讲起小时候的事，我这心里就暖烘烘的，可也酸溜溜的。因为，他们陪我长大，而长大后的我却没有陪他们慢慢变老。

时光易逝，不知不觉间，父母的脸上多了深深的皱纹和大块的斑点，以前健步如飞的他们，现在走起路来也开始变得慢慢悠悠的。他们总说："慢点儿，慢点儿，看着点儿路。"其实是腿脚慢了，快不起来了。

有一年，我过生日，妈妈早早就给我打电话，提醒我一个人在外也别将就着过，给自己买个小蛋糕，吃一碗长寿面。我听到她念叨时，爸爸也在旁边扯着嗓子说："钱够不够花呀？一会儿让你妈给你转点儿过去，去买身新衣服。"

我大声喊道："我有钱，不用给我转，倒是今天，是我的生日也是妈妈的受难日，爸爸你就替我好好陪陪妈妈吧。"

爸爸说："行啦！你有空就回来看看你妈，你说你都多久没回来了？你妈给你包的粽子都放冰箱冻了大半年了。"

妈妈似乎是拍了爸爸一下，嗔怪道："就你话多，你说这些做啥？你见过几个在外工作天天回家的？闺女，你在外面好好的就行，什么时候有空了再回来。"

挂断电话之后，我心里很不是滋味。爸爸那样说，我知道不只是妈妈想我了，他也很想我。感觉自己亏欠他们的越来越多了。

父母的一声声"你有空了就回家看看"，掩盖了多少对儿女的思念和牵挂呀？

当他们听到你说："嗯！知道了，我先忙了，挂了啊！"他们心里又多么失落呀!

长大后,远离家乡在外打拼的我们与父母之间必然会聚少离多,而这恰恰是我们避不开的宿命,这种遗憾似乎也很难避免。

其实我总是盼望回家,想念回到家里无忧无虑陪在父母身边的日子。可是我又惧怕回家,因为总觉得每回家一次,父母就又老了一些。

有时候,我真希望自己是个永远长不大的孩子,而父母永远像个魔术师一样,什么都能做到,什么都能变得出来。但是,在一年又一年的相聚中,我发现他们是越来越苍老了。

我是从什么时候发现父母老了的呢?

大概是妈妈和爸爸在厨房里忙着做饭时,妈妈像极了姥姥的身影,爸爸像极了背着手踱步的爷爷。

我和妈妈说:"去烫个发吧!我看你越来越像我姥了。"

妈妈嗔道:"我不像你姥,还能像谁?"

我有点心疼地说:"就是觉得你忽然苍老了很多,像姥姥一样。"

妈妈笑着说:"你都三十多了,我哪儿能不老呀?"

她的手伸直了,会叠起一圈圈的褶皱:"唉!我以前也是细皮嫩肉的呢,岁月不饶人呀!"说完,她又去收拾屋子去了。似乎这个家,从来就没收拾完过。

妈妈的微信昵称是"岁月是把杀猪刀"。过去,我总笑话她,觉得她怎么着也得起个花啊草呀的昵称,却偏偏起了个这么无厘头的。大概,在她心里一直住着个叛逆的少女吧!

我常常在心里祈祷,希望时光慢些,再慢些,我真的不想看到父母满头白发,佝偻身躯的样子,我总希望他们活力四射、笔挺伟岸、无所不能。

这世上最无情的事,是你觉得父母离你不远,可他们正在慢慢驶离你的世界。你用他们给予你的生命向前奔跑,他们却在身后逐渐衰老。

所以,抓住一切机会,尽量多陪陪父母吧!

02

莉莉远嫁的时候,笑着说:"现在车马快,回一趟家很容易。"可是,等真的嫁到外省,跨越了半个中国之后,她才知道,回一趟家太难了。

先是为了在那边稳定工作,只有过年才回一次家。后来怀孕生子,两年才回一趟家。

如今她一边照顾孩子,一边照顾家庭,还要照料公婆,别说回家了,有时候一连两三个月才能给父母打个电话或视频。

有一次,她妈妈主动给她打电话,电话那头妈妈咳嗽个不停,却还在嘱咐她好好照顾自己,别吃了亏受了委屈不跟家里说。莉莉听着妈妈的唠叨声,突然觉得自己太对不起父母了,甚至有点后悔远嫁。

后来，莉莉和丈夫商量，每到暑假的时候，就陪孩子回父母那里住段时间。

她对丈夫说："当初我不顾父母反对也要嫁给你。如今我也嫁过来快十年了，他们都六十多了，还能有多少个十年呢？我不能经常陪在身边已经觉得很亏欠了，要找时间多回去看看他们。"

后来，每年暑假的时候，莉莉都会带着孩子去看望父母，有时一住就是一个月。

是呀！我们已经没有陪他们慢慢变老了，只能找机会，钻时间的空子，去看看他们，和他们坐一会儿，说说话。

朋友说，她妈妈怀她的那年，已经快四十岁了。如今她二十九岁，妈妈已经满头白发，步履蹒跚了。做女儿的，很怕出嫁之后身不由己。父母陪了她十八年，可她长大后，陪着父母的日子，加起来竟然不到一年。

她说："自从自己生了女儿，想得最多的就是一定要好好把她抚养长大，以后绝不送她去寄宿学校。我一共才能陪她多少年呀？我得时时守着、看着，要不然一晃，她就长大飞走了。"

正是因为有了女儿，她才体会到父母当年把她的手交给别人的时候，为何泪流不止。从小到大，她没见爸爸掉过一滴眼泪，可自己结婚那天，爸爸的眼睛一直红红的。

想起去年妈妈住院，爸爸通知她的时候，妈妈的手术都已经做完了。她怪爸爸为什么不早点通知她，可又何尝不暗自责怪自己呢？

有人算过一笔账。

若人的寿命是七十五岁，一个人就有九百个月的生命。

如果你的父母已经年过五十，他们的余生还剩三百个月。

若你可以和父母天天见面，你能陪伴他们的时间就有三百个月；

若你和父母一个月见两次面，你能陪伴他们的时间就还剩下二十个月；

若你和父母一年只见一次面，你能陪伴他们的时间就只剩下十个月了。

我听到过太多人说："如果当初能多陪陪他们该有多好。"说这句话的，往往是既没有陪伴，又来不及告别的。

我不想自己将来在留下遗憾的同时，还要留下深深的悔恨。于是，我在房间里挂了一张大日历，用不同的记号笔圈出了一年能陪伴父母的时间。

我用红色笔圈出每周的周末，表示那日我会和父母通视频或电话；又用蓝色笔圈出每两三个月的月末，表示那日我要回家；再用黑色笔圈出放假时间较长的假期，比如五一劳动节小长假、十一国庆节长假、春节假期。这些节假日，我至少会选定两个假期陪父母一起出去转转。

我还在家里的客厅安装了视频同步的监控,这样我就可以时时和父母对话了。爸爸妈妈也经常通过摄像头,和我分享他们的日常生活。

有次爸爸像献宝似的对着摄像头展示他网购的一件T恤,他高兴地说,只花了二十九块九,太便宜了。为此妈妈在旁边埋怨了他半天,觉得他肯定是上当了。

看着他们吵吵闹闹的样子,说实话,我希望时间能永远停留在这一刻。

不管怎么说,这也算是一种间接的陪伴吧!

我想到最幸福的事,就是躺在家里客厅的沙发上,一边啃着苹果,一边听着厨房里的父母在案板上捣鼓着酸甜苦辣的声音。妈妈喊我一声:"过来剥蒜。"我光着脚就去了。爸爸又唠叨我说:"没点女儿家的样子。"我冲他吐吐舌头,他笑着要伸手打我,却只是在半空中划拉了一下。

受现实所限,也许我们没能陪父母慢慢到老,但有时间的话,尽可能多回家吧!别让这世上最爱你的两个人,等太久。

心里藏着小星星，
生活才能亮晶晶

～～～

01

入住大学宿舍的第二晚，我们四个女生躺在各自的床上，畅谈人生。

亚楠问："各位小主，现在有人生目标了没有？"

小梅问："梦想算不算？"

亚楠嗯了两声，小梅笑嘻嘻地说："那我先来说吧！"

上初中的时候，小梅读过作家三毛的个人传记，从此便对撒哈拉大沙漠情有独钟。

亚楠插了一嘴："你不会是要拽着你未来的老公跑撒哈拉去面朝黄沙背朝天吧？"

小梅笑道："不不不，你别瞎想，你先听我说，我是要到沙漠里种树。"

这……我们几个一时语塞，这跳跃性和无关联性，属实令人意想不到。

小梅继续说，她也不清楚自己怎么就莫名其妙地有了这么个梦想，因为别人的梦想，不是建筑师，就是律师，或者科学家、老师之类的。为此，当她把梦想写在黑板报的梦想墙上时，被同学们笑话了好久。虽然不被理解，但她很明确，她就是要去沙漠种树。

大学毕业后，小梅并没有去向往的沙漠里种树，而是找了份工作，过着简简单单的小日子。小梅说，她的人生没有太多出彩的地方，和平常人一样，普普通通，却又波折不断。

有一次，因为工作上的疏忽，被老板劈头盖脸地骂了一顿，她面皮薄，觉得太丢人了，就想着辞职。

她想："要不我就去沙漠种树吧！"但是转念又一想："唉！算了，买树苗的钱都没挣够呢！先好好工作吧！"

每当想要跟生活打退堂鼓的时候，小梅都想去沙漠里种树，但最后又都回到了现实里。

去沙漠种树的梦想，对她而言，就像一个退路。而这个退路，让她觉得无比心安，就好像孤岛上的灯塔，虽然只是孤孤单单亮着，却也给了她一些可以放下心来的精神抚慰。

所以，人一定要有梦想，即便是一个很冷门的，会让别人觉得奇奇怪怪的梦想。在将来无数个无人陪伴的时刻，或失落的瞬间，想起它时，它就是你回归生活的那盏引路灯。

谈论梦想的话题还在继续。

亚楠说："我的梦想是当个暴发户。"

我倒吸一口凉气："嗯！你这梦想，就比较接地气了。"

她哈哈大笑两声，表示自己可没瞎说。她喜欢收集车模，可父母觉得她作为一个女孩子，这种嗜好太另类了，所以并不怎么支持她。她平时省吃俭用，攒下钱买车模。因此，她也是早早就种下了一个梦想，就是当个暴发户。

你做过一夜暴富的梦吗？受亚楠影响，我也做过。在发呆的时候，幻想有人给我打个电话说："恭喜你，女士，你中大奖了，赶紧来领奖吧！"

哈哈！虽然有点儿异想天开，但真的会让人瞬间变得快乐。当然，若有一天你真的莫名其妙收到这类电话，一定要小心啊！谨防电信诈骗。

你看，梦想这件事，可小可大，只要你敢想，它就能给你带来无限的快乐，算是生活的一个小小调味剂吧！所以，赶紧把你埋进土里的梦想刨出来，或者现在再立一个。

小蒲说，她想成为一个可以让大家刮目相看的人。

上初中的时候,她喜欢设计衣服,就想成为一名服装设计师,如果能为自己欣赏的人设计服装,那就更好了。她还幻想着,若能成为那个人的专用服装设计师,又培养出感情,两人顺理成章地组建一个美满幸福的家庭,这辈子就完满了。

她继续畅谈梦想。将来,她要有一间专属于自己的工作室,不需要在多高级的黄金地段,也不是非北上广不可,只要有个工作室,再给她配备几个细心的助手,大家一起为梦想努力,就足够了。

可是后来,刚毕业没两年的时候,大家再坐到一起谈梦想,小蒲说,她的梦想是有个温馨的小家,有个爱她的丈夫,再有一儿一女。

亚楠打趣她:"怎么?不给那个人设计衣服了吗?"

小蒲摆摆手,淡淡地说:"成熟,成熟了,懂吗?梦想也是会变的嘛。"

奇妙的是,多年以后,小蒲的第二个梦想居然实现了。

一岁有一岁的成长,随着年岁增长,梦想变了也是人之常情。不变的是内心一直有所期待,对生活一直抱有热情的态度。

说起我的梦想,那可不少。

上小学的时候,我梦想过当歌星。但我天生五音不全,唱出来鬼哭狼嚎的。

后来我的梦想就改成了当画家，为了练习画画，我把奶奶养的鸡绑在树上照着画。可是奶奶觉得我太淘气了，然后拿着扫把要打我。好在我跑得快，没被打到。

初中的时候，因为参加军训，觉得教官好酷啊。于是，我的梦想又变成了去当兵。但是站了几天军姿之后，我就放弃了。

后来看小说看得太入迷，就想当个作家。其实高中的时候我就写了好几部稚嫩的小说，只不过从未发表过。

虽然自己多次变心，梦想换来换去，但我真心感谢那时候的自己，虽然梦了一场又一场，却也最终找到了自己的定位。当然，这是后话了。

三个人听着我说起我的梦想，一个个都咂舌。

亚楠无语道："你小时候这么皮的吗？看你现在文文静静的，不太像啊。"

小梅也附和道："你高中的大作呢？让我们欣赏欣赏呗？万一哪天你火了，我们也好吹嘘吹嘘。"

小蒲直接叹了一句："你这是要拥有哆啦A梦的人生啊！"

我耸耸肩，说："没办法，我从小就爱做梦。但我保证，每场梦我都认真对待过。我可不是光想不行动的人。"

在未来我还会有更多的梦想。虽然有时候是一晃而过的想法，却让我知道原来人生还可以有那么多种可能。

02

一次，和一个结婚后很快生了孩子的朋友聊天，她满脸疲惫，说每天都在争分夺秒地喂奶、换尿布、洗衣服、拖地……日子过得紧张兮兮，却毫无充实感，只觉毫无意义。

枯燥的生活让她的脸失去了表情，整天木木的，什么都懒得做，只剩下疲于应付，她甚至怀疑自己抑郁了。

丈夫也察觉出不对，就想带她去散散心，正好要去长沙出差两天，问她要不要一起去？她想也好，自从宝宝出生后，她已经两年没出去过了。虽然刚下飞机就开始想念孩子，有种想立刻回家的冲动，但透过视频看到孩子正玩得开心，她的心也就安定下来了。

他们游览了长沙的一些景点，品尝了当地的美食。夜晚和丈夫走在回酒店的路上，两个人手拉手漫步街头，走着走着，内心忽然有所动容，好像很久没有过这般惬意舒适的感觉了，漫无目的又不疾不徐地在陌生的街头走走，竟然让她觉得很轻松。

她忽然醒悟，并非是生活不可忍受，而是我们一直让自己陷于泥沼。

回到北京后，她开始从孩子的吃喝拉撒中抬起头，主动给自己的生活添加一点色彩。

周一在很久没逛过的一家网上店铺买了一条碎花长裙；

周二趁孩子睡着，和老公享受了一份想念许久的外卖；

周五和闺蜜喝杯咖啡,坐着聊聊天;

周六,和老公带宝宝去动物园;

周日,带着宝宝一起回爸爸妈妈家蹭饭;

……

这些小事,看起来很寻常,但当带着愉悦的心情去感受,就像平凡的生活里被插上鲜花,也能让人眼前一亮,内心升起点点幸福的光亮。

特别喜欢作家七堇年在《晚风枕酒》里的一句话:"别活得像根发条,沙夏。别每天拧紧自己。"就像鲸,除了要在漫无边际的海底不停息地向前游动,也需要游出水面,漂在海面,看看蓝天白云,感受阳光的抚摸。

每个人的心里都需要一道微光指引,它会带着你打破陈规,扫清阴霾,带你摆脱你想摆脱的沉闷和繁琐,而这道微光就是你对生活的态度。

一个朋友生了孩子之后,也做了全职妈妈。但她觉得自己除了是妈妈,也是自己。她也有自己期待的生活,于是,她给自己立下目标,在一年内练出马甲线。她兴致勃勃地和牙牙学语的孩子聊自己的目标,她说:"你看,妈妈好想穿这条漂亮的裙子啊,你支持妈妈减肥不?"明知道孩子也不懂,想要坚持的是她自己,没人督促,没人逼迫,她不需要向谁交代,只是明确了一件事——自己真的特别想练出马甲线。所以每天晚上九点,让老公看着孩子,她则去练习瑜伽动作和塑身动作。

其实,给自己设立目标,也是我的一种生活常态。只要有了某个目标,它就经常在我脑海中闪现,比如,每个月读完一本书;每周写两篇随笔;偶尔做一道别出心裁的小点心。每当我无所事事的时候,它们就像一个个活跃的小音符,会突然蹦出来告诉我,这些就是我现在要做的事。所以在外人眼里,我总是特别惬意,事实上我也的确很惬意。

别人看到我煮水烹茶,觉得我很会享受生活,但偶尔给自己烹一壶茶,只是我定下的一个生活目标而已。琐碎的日子里,偶尔想起要给自己烹一壶茶,举杯邀月,烟火与诗意满满,好不快活。

与一位姓宋的老师相识于一场朋友聚会,后来了解得多了,我才知道,她当初只是一个中专生。刚毕业的时候,她和很多女孩一样,很迷茫,找不到好工作。有时也会想:要不算了,就在老家随便找个工作,能挣钱养活自己就行。

但浑浑噩噩的日子过久了,她开始烦躁不安,后来她就在网上到处寻找答案,她想知道一个中专生的一辈子真的只能得过且过吗?

大多数网友的回答都很悲观,但有个人却告诉她:"谁说你只能是个中专生了?你难道不知道咱们国家有多么希望人们努力上进吗?你可以去参加成人高考呀!考了大专,还可以升本。人生的路多着呢,你只是缺少目标而已。"

这位网友的回答让她豁然开朗,于是她给自己设了一个又一个目标,一步一步从中专生到本科生,虽然过程非常辛苦,但走过之后,她反而觉得穿过的每一丛荆棘都是一团锦簇。

没有目标的人生,就像一盘散沙。给自己设立目标,不是为了把自己铸就成多么伟大的人,只是为了让自己积极地行动起来,给生命以活力。

心有目标,就会一路生花。心有坚持,才能繁花似锦。

当微末的"光"把心照亮了,你的整个世界也就亮了。

03

小时候,每次去姥姥家,我都会被那满院子的花花草草震撼。而且我数过,姥姥的院子里一共种着六十多种花草。

东西墙面上全是蔷薇花,到五月份的时候,粉红色、嫩黄色、深红色、蓝紫色,还有渐变色的小花,一丛又一丛地开满了整个墙,就像两幅浓墨重彩的油画,漂亮极了。

正房台阶的位置前,有两个花拱门,一个是风车茉莉做的,一个是粉龙月季做的,每次穿过去的时候,都会有一种莫名的仪式感。拱门的两边,错落有致的花花草草更是姹紫嫣红,无比热闹。

总之,我最喜欢在初夏的时候去姥姥家玩,感觉就像进了一个小小的百花园。

我问姥姥:"你怎么这么喜欢种花呀?"

姥姥说:"我小的时候去过一次南方,那里的田野上生长着很多花草,放眼望去,太漂亮了。那时我便想,如果将来我也生活在这么美丽的地方,该有多好呀!所以,打那时候起,我就开始种花了。这院子里的很多花,最长的已经陪了我四十多年了。当然了,不是原来的花了,是那些花的种子,今年枯了,来年又冒出新芽。"

心里有一片盛景的人,特别会把自己的日子经营得朝气蓬勃。

有一次,我看上了东边墙面上趴着的那株最粗壮的粉龙蔷薇,如果把它栽到我家院子西边的墙根底下,来年开满墙,一定漂亮极了。我直接跟姥姥说:"我要把那株最大的粉龙扛走。"

奶奶从橱子里抓了一把糖塞给我,我开心地先吃了一颗大白兔。奶奶笑呵呵地摸着我的头说:"糖你已经吃了,院子里的花可不让动了。"

我挠挠头,好吧!看在糖的分上,就算了。

妈妈说,她小的时候和几个小朋友在院子里玩过家家,把院子里的花摘得干干净净,气得姥姥两天没给她做饭吃。

这许多年,姥姥极少外出游玩或去别人家串门。她呀!就喜欢扩充她的花园,满世界搜罗看得上眼的花。那大大的院子里,没有一株杂草,她天天从早忙到晚,可是从来不觉得累,也从未见她抱怨过日子无聊。

如果你觉得日子太单调、枯燥，就在阳台种上几盆花吧！一定要是能开花的那种，那姹紫嫣红的花瓣，每一片都是治愈心灵的圣药。

后来，我在自家院子里也种上了很多花草，虽然一直是父母在打理，但每次五一假期回家的时候，看到满园春色，所有的疲惫感瞬间便被扫荡一空。

一个人的心里，总要有一件寄托着心灵和梦想的事情。它虽然不是魔法棒，但轻轻一挥，就能给你的生活里划过几道星光。

所以，你还等什么呢？合上书，去给心里种上一颗小星星吧！

愿你看透生活的本质，眼里依然盛满灿烂；愿你能手持烟火以谋生，心怀诗意以谋爱。

图书在版编目（CIP）数据

像大人一样生存，像孩子一样生活 / 夏天著.
北京：新世界出版社，2024.8. -- ISBN 978-7-5104
-7951-9

Ⅰ. B848.4-49

中国国家版本馆 CIP 数据核字第 20241V7A79 号

像大人一样生存，像孩子一样生活

作　　者：夏　天
责任编辑：周　帆
责任校对：宣　慧　张杰楠
责任印制：王宝根
出　　版：新世界出版社
网　　址：http://www.nwp.com.cn
社　　址：北京西城区百万庄大街 24 号（100037）
发 行 部：(010)6899 5968（电话）　(010)6899 0635（电话）
总 编 室：(010)6899 5424（电话）　(010)6832 6679（传真）
版 权 部：+8610 6899 6306（电话）　nwpcd@sina.com（电邮）
印　　刷：天津丰富彩艺印刷有限公司
经　　销：新华书店
开　　本：880mm×1230mm　1/32　尺寸：145mm×210mm
字　　数：170 千字　　　　　印张：8
版　　次：2024 年 8 月第 1 版　2024 年 8 月第 1 次印刷
书　　号：ISBN 978-7-5104-7951-9
定　　价：49.00 元

版权所有，侵权必究
凡购本社图书，如有缺页、倒页、脱页等印装错误，可随时退换。
客服电话：(010)6899 8638